高等院校课程设计案例精编

HTML5+CSS3+JavaScript
网页设计经典课堂

杨 艳 张 旭 编著

清华大学出版社
北京

内 容 简 介

本书以 HTML、CSS 和 JavaScript 为写作基础，以"理论知识＋实操案例"为创作导向，围绕 Web 前端的基本知识点展开讲解。书中的每个案例都给出了详细的实现代码，同时还对代码中的关键点和效果实现进行了描述。

全书共 14 章，分别对 HTML5 中增加的元素和属性、HTML5 表单元素、HTML5 表单制作、HTML5 多媒体应用、HTML5 中的画布、地理位置的获取、离线储存和拖放、CSS3 中的选择器、CSS3 的颜色和图形的应用、CSS3 中的动画、用户交互界面设计、JavaScript 基础知识及使用 JavaScript 给网页制作动态效果进行了详细的阐述。本书结构清晰，思路明确，内容丰富，语言简练，解说详略得当，既有鲜明的基础性，也有很强的实用性。

本书既可作为大中专院校及高等院校相关专业的教学用书，又可作为网页设计爱好者的学习用书。同时，也可以作为社会各类网页设计及 Web 前端开发培训班的首选教材。

图书在版编目(CIP)数据

HTML5+CSS3+JavaScript 网页设计经典课堂 / 杨艳，张旭编著. —北京：清华大学出版社，2019

（2019.11重印）

高等院校课程设计案例精编

ISBN 978-7-302-51781-8

Ⅰ. ①H… Ⅱ. ①杨… ②张… Ⅲ. ①超文本标记语言—程序设计—课程设计—高等学校—教学参考资料②网页制作工具—课程设计—高等学校—教学参考资料③JAVA语言—程序设计—课程设计—高等学校—教学参考资料　Ⅳ. ①TP312.8②TP393.092.2

中国版本图书馆CIP数据核字（2018）第274383号

责任编辑：李玉茹
封面设计：杨玉兰
责任校对：王明明
责任印制：刘海龙

出版发行：清华大学出版社
　　　　网　　　址：http://www.tup.com.cn，http://www.wqbook.com
　　　　地　　　址：北京清华大学学研大厦A座　　　　邮　　编：100084
　　　　社 总 机：010-62770175　　　　邮　　购：010-62786544
　　　　投稿与读者服务：010-62776969，c-service@tup.tsinghua.edu.cn
　　　　质量反馈：010-62772015，zhiliang@tup.tsinghua.edu.cn

印 装 者：涿州汇美亿浓印刷有限公司
经　　销：全国新华书店
开　　本：185mm×260mm　　印　　张：16.5　　字　　数：400千字
版　　次：2019年2月第1版　　印　　次：2019年11月第2次印刷
定　　价：69.00 元

产品编号：082030-01

FOREWORD
前 言

为何要学设计？ ▪━━━━━━━━━━━━━━━

　　随着社会的发展，人们对美好事物的追求与渴望已达到了一个新的高度。这一点充分体现在了审美意识上。毫不夸张地讲，我们身边的美无处不有，大到园林建筑，小到平面海报，抑或是小巷里的门店也都要装饰一番以凸显出自己的特色，这一切都是"设计"的结果。可以说生活中的很多元素都被有意或无意识地设计过。俗话说：学设计饿不死，学设计高工资！那些有经验的设计师们，月薪超过多数行业，正是因为这一点很多人都投身于设计行业。

问：学设计可以就职哪类工作？求职难吗？

答：广为人知的设计行业包括：室内设计、广告设计、UI 设计、珠宝设计、服装设计、环艺设计、影视动画设计……所以你还在问求职难吗！

问：如何选择学习软件？

答：根据设计类型和就业方向，学习相关软件。比如，平面设计类软件大同小异，重在设计体验。室内外设计软件各有侧重，贵在实际应用。各类软件之间也要配合使用，好比设计师要用 Photoshop 对建筑效果图做后期处理，为了让设计作品呈现更好的效果，有时会把视频编辑软件与平面软件相互配合。

问：没有美术基础的人也可以学设计吗？

答：可以。设计类的专业有很多，并不是所有的设计专业都需要有美术的功底。例如工业设计、展示设计等。俗话说"艺术归结于生活"，学设计不但可以提高自身审美能力，还能有效的指引人们制作出更精良的作品，提升自己的生活品质。

问：	设计该从何学起？

答：自学设计可以先从软件入手：位图、矢量图和排版。学会了软件可以胜任 90% 的设计工作，只是缺乏"经验"。设计是软件技术＋审美＋创意，其中软件学习比较容易上手，而审美的提升则需要多欣赏优秀作品，只要不断学习，突破自我，优秀的设计技术就能轻松掌握！

系列图书课程安排 ■

　　本系列图书既注重单个软件的实操应用，又看重多个软件的协同办公，以"理论知识＋实际应用＋案例展示"为创作思路，向读者全面阐述了各软件在设计领域中的强大功能。在讲解过程中，结合各领域的实际应用，对相关的行业知识进行了深度剖析，以辅助读者完成各种类型的设计工作。正所谓要"授人以渔"，读者不仅可以掌握这些设计软件的使用方法，还能利用它独立完成作品的创作。本系列图书包含以下图书作品：

▶▶ 《3ds max 建模技法经典课堂》

▶▶ 《3ds max+Vray 效果图表现技法经典课堂》

▶▶ 《SketchUp 草图大师建筑·景观·园林设计经典课堂》

▶▶ 《AutoCAD + 3ds max + Vray 室内效果图表现技法经典课堂》

▶▶ 《AutoCAD + SketchUp + Vray 建筑室内外效果表现技法经典课堂》

▶▶ 《Adobe Photoshop CC 图像处理经典课堂》

▶▶ 《Adobe Illustrator CC 平面设计经典课堂》

▶▶ 《Adobe InDesign CC 版式设计经典课堂》

▶▶ 《Adobe Photoshop + Illustrator 平面设计经典课堂》

▶▶ 《Adobe Photoshop + CorelDRAW 平面设计经典课堂》

▶▶ 《Adobe Premiere Pro CC 视频编辑经典课堂》

▶▶ 《Adobe After Effects CC 影视特效制作经典课堂》

▶▶ 《HTML5+CSS3 网页设计与布局经典课堂》

▶▶ 《HTML5+CSS3+JavaScript 网页设计经典课堂》

配套资源获取方式 ■

　　目前市场上很多计算机图书中配带的 DVD 光盘，总是容易破损或无法正常读取。鉴于此，本系列图书的资源可以发送邮件至 619831182@qq.com，制作者会在第一时间将其发至您的邮箱。

适用读者群体 ■

☑ 前端开发制作人员。

☑ 网页美工或者想转行前端的设计人员。

☑ UI 及网页设计培训班学员。

☑ 大中专院校及高等院校相关专业师生。

☑ 网页设计爱好者。

作者团队

　　本书由杨艳、张旭编写。其中伏凤恋、王春芳、杨继光、李瑞峰、王银寿、李保荣等，也为本书出版付出辛勤的工作在此对他们的辛苦付出表示真诚的感谢，最后感谢郑州轻工业大学教务处的大力支持。

致 谢

　　为了令本系列图书尽可能满足读者的需要，许多人付出了辛勤的劳动。在此，向参与本书出版工作的"ACAA 教育集团"和"Autodesk 中国教育管理中心"的领导及老师、米粒儿设计团队成员等，致以诚挚谢意。同时感谢清华大学出版社的所有编审人员为本系列图书的出版所付出的辛勤劳动。本系列图书在编写过程中力求严谨细致，但由于时间有限，书中仍难免出现疏漏和不妥之处，希望各位读者朋友们多多包涵，并批评指正，万分感谢！

编者

本书知识结构导图

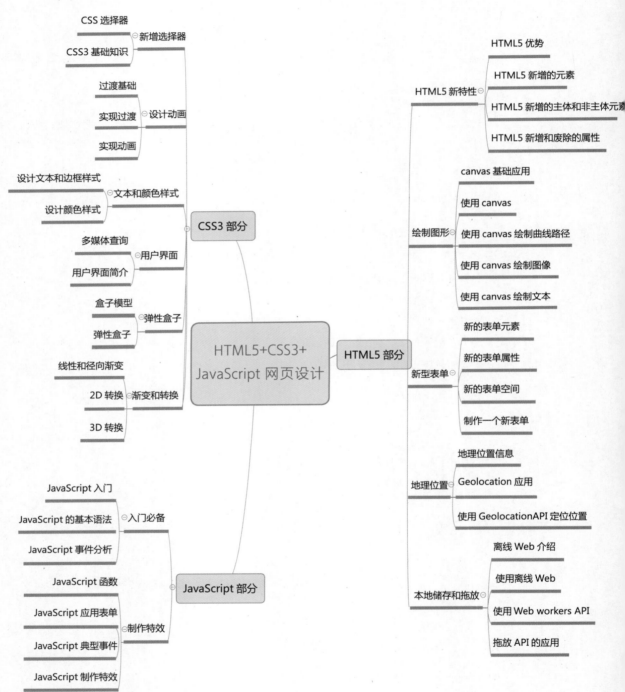

CSS 选择器
新增选择器
CSS3 基础知识

过渡基础
实现过渡 设计动画
实现动画

设计文本和边框样式
文本和颜色样式
设计颜色样式

多媒体查询
用户界面
用户界面简介

盒子模型
弹性盒子
弹性盒子

线性和径向渐变
2D 转换 渐变和转换
3D 转换

CSS3 部分

HTML5+CSS3+
JavaScript 网页设计

HTML5 部分

HTML5 优势
HTML5 新增的元素
HTML5 新特性 HTML5 新增的主体和非主体元素
HTML5 新增和废除的属性

canvas 基础应用
使用 canvas
绘制图形 使用 canvas 绘制曲线路径
使用 canvas 绘制图像
使用 canvas 绘制文本

新的表单元素
新的表单属性
新型表单 新的表单空间
制作一个新表单

地理位置信息
地理位置 Geolocation 应用
使用 GeolocationAPI 定位位置

离线 Web 介绍
使用离线 Web
本地储存和拖放 使用 Web workers API
拖放 API 的应用

JavaScript 入门
JavaScript 的基本语法 入门必备
JavaScript 事件分析

JavaScript 函数
JavaScript 应用表单
JavaScript 典型事件 制作特效
JavaScript 制作特效

JavaScript 部分

CONTENTS
目 录

CHAPTER / 03
制作新型的表单

CHAPTER / 04
地理位置请求

CONTENTS

CHAPTER / 05
拖曳上传的应用

CHAPTER / 06
CSS3 选择器

CHAPTER / 07
CSS3 设计动画

CHAPTER / 08

多彩的样式设计

CHAPTER / 09

CSS3 用户的交互界面

CHAPTER / 10

弹性盒子模型

CHAPTER / 11
颜色渐变和图形转换

CHAPTER / 12
JavaScript 入门必学

CHAPTER / 13
特效应用

CHAPTER / 14
综合实践应用

CHAPTER 01
HTML5 入门必备

本章概述 SUMMARY

HTML5 中增加和废除了很多标签，比如新增的结构标签：section 元素 /video 元素等。本章将对这些知识展开详细介绍，以为之后的学习奠定良好的基础。

■ 学习目标
了解 HTML5 新特性和优势。
掌握 HTML5 中新增主体结构元素的定义。
掌握 HTML5 中新增非主体结构元素的定义。
掌握 HTML5 中新增主体和非主体结构元素的使用方法。

■ 课时安排
理论知识 1 课时。
上机练习 2 课时。

知识导图：

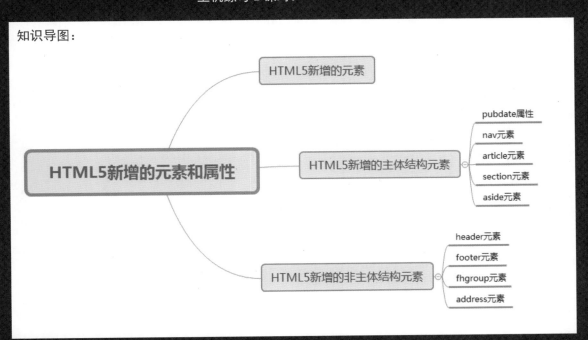

1.1 认识 HTML5

HTML5 本身并非技术，而是标准。HTML5 将成为 HTML、XHTML 以及 HTML DOM 的新标准。它所使用的技术早已很成熟，国内通常所说的 HTML5 实际上是 HTML1 与 CSS3 及 JavaScript 和 API 等的组合，可用以下公式说明：HTML5 ≈ HTML+CSS3+JavaScript+API。

■ 1.1.1 HTML 发展历程

HTML5 是对标准通用标记语言下的一个应用超文本标记语言（HTML）的第五次重大修改。HTML5 是近 10 年来 Web 开发标准的最新成果。较之以前版本不同的是，HTML5 不仅用来表示 Web 内容，其功能也将 Web 带到一个新的成熟的平台。在 HTML5 中，视频、音频、图像、动画以及同计算机的交互都被标准化。

HTML 上一个标准自 1999 年 12 月发布 HTML4.01，后继的 HTML5 和其他标准被束之高阁，为了推动 Web 标准化运动的发展，一些公司联合起来，成立了一个叫作 Web Hypertext Application Technology Working Group（Web 超文本应用技术工作组 -WHATWG）的组织。WHATWG 致力于 Web 表单和应用程序，而 W3C（World Wide Web Consortium，万维网联盟）专注于 XHTML2.0。在 2006 年，双方决定进行合作，来创建一个新版本的 HTML。这个新版本的 HTML 就是今天所熟知的 HTML5。

HTML5 是 HTML 的下一个主要修订版本，现在正处于发展阶段。目标是取代 1999 年所制定的 HTML4.01 和 XHTML1.0 标准，以期能在互联网应用高速发展的时候，使网络标准大道符合当代的网络需求。从广义上来说，HTML5 实际是指包括 HTML、CSS 和 JavaScript 在内的一套技术组合，以期能够减少浏览器对于插件的丰富性网络应用服务 (Plug-in-Based Rich Internet Application,RIA)，如 Adobe Flash、Micsoft03.Silverlight 与 Oracle JavaFX 的需求，并且提供更多能有效增强网络应用的标准集。

具体来说，HTML5 添加了很多语法特征，其中 <audio>、<video> 和 <canvas> 元素，同时集成了 SVG 内容。这些元素是为了更容易地在网页中处理多媒体和图片内容而添加的。其他新的元素包括 <section>、<article>、<heade>、<nav> 和 <footer>，是为了丰富文档的数据内容。新的属性的添加也是为了同样的目的，同时 API 和 DOM 已经成为 HTML5 中的基础部分。HTML5 还定义了处理非法文档的具体细节，使得所有浏览器和客户端能都一致地处理语法上的错误。

■ 1.1.2 HTML5 和 H5 的区别

HTML5 是一个技术名词，H5 是一个产品名词。所以，H5 指的不是 HTML5，再次科普，HTML5 并不是一项技术，而是一个标准。

标准相当于学生准则手册，可以按照准则行事，甚至可以超出准则更加严格地要求自己，也可以不按照准则来，但是会被老师训斥，就像 IE6 一样，不能兼容 HTML5 中的一些属性。

1.2　新的特性

与之前的 HTML 相比，HTML5 中增加了许多新的特性，这些新特性会使设计更加方便、简洁。

■ 1.2.1　兼容性

HTML5 的一个核心理念就是保持一切新特性的平滑过渡。一旦浏览器不支持 HTML5 的某项功能，针对该项功能的备用方案就会被启用。另外，互联网上有些 HTML 文档已经存在很多年了，因此，支持所有的现存 HTML 文档是非常重要的。HTML5 的研究者们花费了大量的精力来研究 HTML5 的通用性。很多开发人员使用 <div id="header"> 来标记页眉区域，而在 HTML5 当中添加一个 <header> 就可以解决这个问题。

在浏览器方面，支持 HTML5 的浏览器包括 Firefox（火狐浏览器）、IE9 及其更高版本、Chrome（谷歌浏览器）、Safari、Opera 等；国内的各种基于 IE 或 Chromium（Chrome 的工程版或称实验版）所推出的 360 浏览器、搜狗浏览器、QQ 浏览器、猎豹浏览器等国产浏览器同样具备支持 HTML5 的能力。

HTML5 将会取代 1999 年制定的 HTML 4.01、XHTML 1.0 标准，以期能在互联网应用迅速发展时，使网络标准达到符合当代网络的需求，为桌面和移动平台带来无缝衔接的丰富内容。

■ 1.2.2　化繁为简

化繁为简是 HTML5 的实现目标，HTML5 在功能上做了以下几方面改进。以浏览器的基本功能代替复杂的 JavaScript 代码。

- 重新简化了 DOCTYPE。
- 重新简化了字符集声明。
- 简单而强大的 HTML5API。

下面对上述这些改进进行详细介绍。

HTML5 在实现上述改变的同时，其规范已经变得非常强大。HTML5 的规范实际上要比以往任何版本的 HTML 规范都要明确。为了达到在未来几年能够实现浏览器互通的目标，HTML5 规范制定了一系列定义明确的行为，任何歧义和含糊的规范都可能延缓这一目标的实现。

HTML5 规范比以往任何版本都要详细，以避免造成误解。HTML5 规范的目标是完全、彻底地给出定义，特别是对 Web 的应用。整个规范非常详尽，超过了 900 页。基于多重改进过的、强大的错误处理方案，HTML5 具备了良好的错误处理机制。

HTML5 提倡重大错误的平缓修复，把用户的利益放在第一位。比如，如果页面中有错误的话，在以前可能会影响整个页面的展示，而在 HTML5 当中则不会出现这种情况，取而代之的是以标准的方式显示 "breoken" 标记，这要归功于 HTML5 中精确定义的错误恢复机制。

■ 1.2.3 通用访问

通用访问有三个原则。

（1）可访问性

出于对残障用户的考虑，HTML 与 WAI(Web Accessibility Intiative ，Web 可访问性倡议) 和 ARIA(Accessible Ritc Internet Applicaions, 可访问的富 Internet 应用) 做到了紧密结合，WAI-ARIA 中以屏幕阅读器为基础的元素已经被添加到 HTML 中。

（2）媒体中立

在不久的将来，HTML5 的所有功能都在所有不同的设备和平台上正常运行。

（3）支持更多语种

能够支持更多语种。例如，新的 <ruby> 标签支持在东亚页面排版中会用到 Ruby 注释。

■ 1.2.4 标准改进

HTML5 提供了一些新的元素和属性，例如 <nav>（网站导航栏）和 <footer>。这种标签将有利于搜索引擎的索引整理，同时也能更好地帮助小屏幕装置和视障人士使用。除此之外，还为其他浏览要素提供了新的功能，如 <audio> 和 <vedio> 标签。

在 HTML5 中，一些过时的 HTML4 标签将被取消，其中包括纯显示效果的标签，如 <font> 和 <center> 等，这些变迁已经被 CSS 所取代。

HTML5 吸取了 XHTML2 的一些建议，包括一些用来改善文档结构的功能，例如一些新的 HTML 标签——hrader、footer、section、dialog 和 aside 的使用，使得内容创作者能够更加轻松地创建文档，在此之前开发人员在这些场合一律使用 <div> 标签。

HTML5 还包含了将内容和样式分离的功能，<b> 和 <i> 标签仍然存在，但是它们的意义已经和之前有了很大的不同，这些标签的意义只是为了将一段文字标识出来，而不是单纯为了设置粗体和斜体文字样式。<u>、<font>、<center> 和 <strike> 这些标签则完全被废弃了。

新标准使用了一些全新的表单输入对象，包括日期、URL 和 E-mail 地址，其他的对象则增加了对拉丁字符的支持。HTML 还引入了微数据，一种使用机器可以识别的标签标注内容的方法，使语义 Web 的处理更为简单。总的来说，这些与结构有关的改进有助于开发人员创建更干净、更容易管理的网页。

HTML5 具备全新的、更合理的 tag，多媒体对象不再全部被绑定到 object 中，而是视频有视频的 tag，音频有音频的 tag。

Canvas 对象将给浏览器带来直接在上面绘制矢量图的功能，这意味着用户可以脱离 flash 和 silverlight，直接在浏览器中浏览图形和动画。很多最新的浏览器，除了 IE，都已经支持 canvas。浏览器中的真正程序将提供 API 浏览器内的编辑、拖放以及各种图形用户界面的能力。内容修饰 tag 将被移除，而使用 CSS。

1.3 为何使用 HTML5

HTML5 与以往的 HTML 版本不同，HTML5 在字符集／元素和属性等方面做了大量改进。在讨论 HTML5 编程之前，首先了解 HTML5 的一些优势，以便为后面的编程做好铺垫。

■ 1.3.1 页面的交互性能更强大

HTML5 与之前的版本相比，在交互上做了很大文章。以前所能看见的页面中的文字都是只能看，不能修改。而在 HTML5 中只需要添加一个 contenteditable 属性，即可对所见页面内容进行编辑，代码如图 1-1 所示。

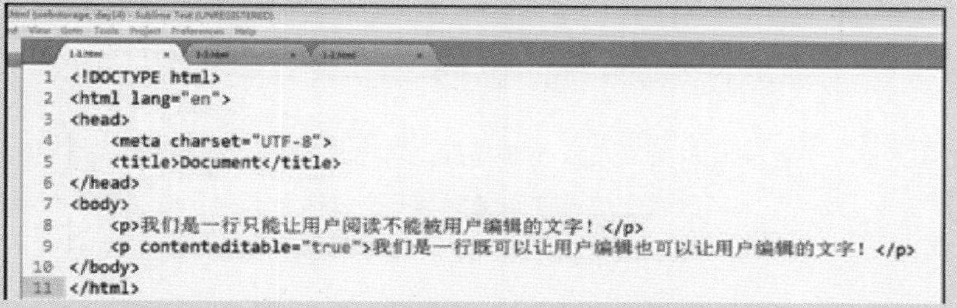

```
1  <!DOCTYPE html>
2  <html lang="en">
3  <head>
4      <meta charset="UTF-8">
5      <title>Document</title>
6  </head>
7  <body>
8      <p>我们是一行只能让用户阅读不能被用户编辑的文字！</p>
9      <p contenteditable="true">我们是一行既可以让用户编辑也可以让用户编辑的文字！</p>
10 </body>
11 </html>
```

图 1-1

只需要在 p 标签内部加入 contenteditable 属性，且让其值为真即可。在浏览器中显示的效果如图 1-2 所示。

图 1-2

通过图 1-2 可以看出，HTML5 在交互方面为用户提供了很大便利与权限，但是 HTML5 的强大交互远不止这一点。除了对用户展现出了非常友好的态度之外，其对开发者也非常友好。例如，在一个文本框输入提示字提醒用户"请输入您的账号"等这样的操作，以前需要编写大量的 javaScript 代码来完成这一操作，但是在 HTML5 中只需要一个"placeholder"属性即可轻松搞定，为开发人员节省了大量时间与精力。代码如图 1-3 所示。

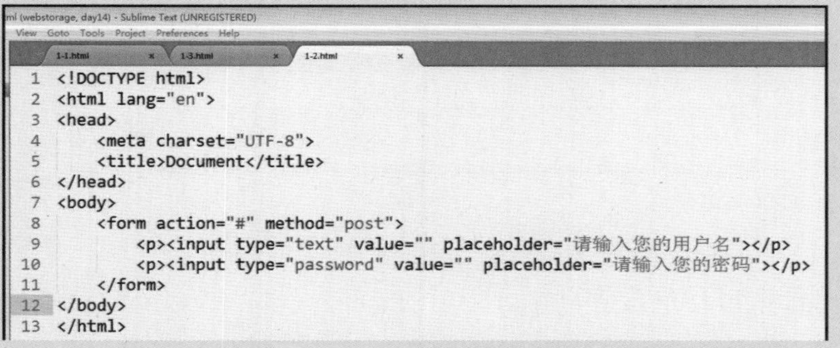

```
1  <!DOCTYPE html>
2  <html lang="en">
3  <head>
4      <meta charset="UTF-8">
5      <title>Document</title>
6  </head>
7  <body>
8      <form action="#" method="post">
9          <p><input type="text" value="" placeholder="请输入您的用户名"></p>
10         <p><input type="password" value="" placeholder="请输入您的密码"></p>
11     </form>
12 </body>
13 </html>
```

图 1-3

代码的运行效果如图 1-4 所示。

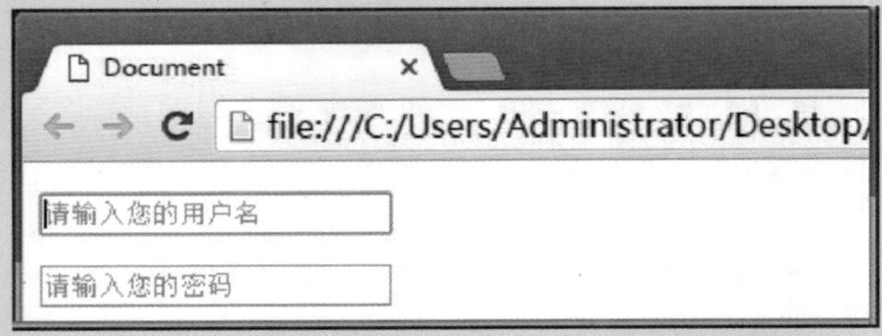

图 1-4

　　HTML5 除了为用户和开发人员提供了便利，还考虑到各大浏览器厂商。例如，以前要在网页中看视频，在浏览器当中是需要 flash 插件的，这样无形中就增加了浏览器的负担，而现在只需要一个简单的 vedio 即可满足用户在网页中看视频的需求。

1.3.2　字符集和 DOCTYPE 的改进

　　HTML5 在字符集上有了很大改进，下面代码表述的是以往的字符集。

　　`<meta http-equiv="content-type" content="text/html;charset-utf-8">`

　　上述代码经过简化后，可表述为下面代码的形式。

　　`<meta charset="utf-8">`

　　除了字符集的改进之外，HTML5 还使用了新的 DOCTYPE。在使用了新的 DOCTYPE 之后，浏览器默认以标准模式显示页面。例如，在 Firefox 浏览器打开一个 HTML5 页面，执行"工具 | 页面信息"命令，会看到如图 1-5 所示的页面。

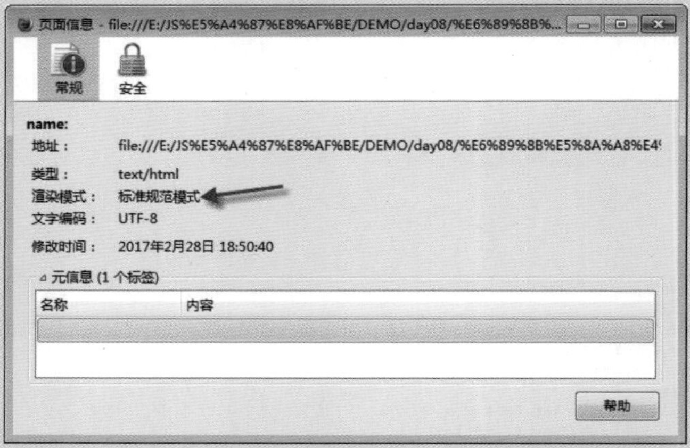

图 1-5

1.3.3　HTML5 的优势

　　使用 HTML5 的原因如下。

（1）简单

　　HTML5 使创建网站更加简单。新的 HTML 标签像 <header><footer><nav><section>

<aside> 等，使得阅读者访问内容更加容易。在以前，即使定义了 class 或者 id，阅读者也没有办法去了解给出的一个 div 究竟是什么。使用新的语义学的定义标签，不仅可以更好地了解 HTML 文档，而且能够创建更好的使用体验。

（2）视频和音频支持

以前想要在网页上实现视频和音频的播放都需要借助 flash 等第三方插件完成，而在 HTML5 中可以直接使用标签 <video> 和 <audio> 来访问资源。HTML5 视频和音频标签基本将它们视为图片：<video src=""/>。而其他参数，例如宽度和高度或者自动播放只需要像其他 HTML 标签一样定义：<video src="url" width="640px" height="380px" autoplay/> 即可。

HTML5 把以前非常烦琐的过程变得非常简单，然而一些过时的浏览器可能对 HTML5 的支持度并不是很友好，需要添加更多代码来让它们正确工作。但是这个代码还是比 <embed> 和 <object> 简单得多。

（3）文档声明

没错，就是 doctype，没有更多内容了。不需要拷贝粘贴一堆无法理解的代码，也没有多余的 head 标签。而且除了简单，它能在每一个浏览器中正常工作，即使是名声狼藉的 IE6 也没有问题。

（4）结构清晰语义明确的代码

如果你对于简单、优雅、容易阅读的代码有所偏好的话，HTML5 绝对是一个为你量身定做的软件。HTML5 允许写出简单清晰、富于描述的代码。符合语义学的代码允许你分开样式和内容。下面是典型的简单拥有导航的 heaer 代码：

```
<div id="header">
<h1>Header Text</h1>
<div id="nav">
<ul>
<li><a href="#">Link</a></li>
<li><a href="#">Link</a></li>
<li><a href="#">Link</a></li>
</ul>
</div>
</div>
```

是不是很简单？但是使用 HTML5 后会使得代码更加简单并且富有含义：

```
<header>
<h1>Header Text</h1>
<nav>
<ul>
<li><a href="#">Link</a></li>
<li><a href="#">Link</a></li>
<li><a href="#">Link</a></li>
</ul>
</nav>
</header>
```

使用 HTML5 可以通过使用语义学的 HTML header 标签描述内容来解决 div 及其

class 定义问题。 以前需要大量地使用 div 来定义每一个页面内容区域，但是使用新的 <section><article><header><footer><aside> 和 <nav> 标签，会使代码更加清晰且易于阅读。

（5）强大的本地存储

HTML5 中引入了新特性本地存储，这是一个非常酷炫的新特性，有一点像比较老的技术 cookie 和客户端数据库的融合。但是它比 cookie 更好用，存储量也更加庞大，因为支持多个 Windows 存储，使它拥有更强的安全性能，而且关闭浏览器后也可以保存数据。

本地存储是 HTML5 工具中一个不需要第三方插件就能实现的功能。将数据保存到浏览器中意味可以简单地创建一些应用特性。例如：保存用户信息，缓存数据，加载用户上一次的应用状态。

（6）交互升级

HTML5 中的 <canvas> 标签允许做更多的互动和动画，就像使用 Flash 达到的效果，经典游戏——水果忍者就可以通过 canvas 画图功能来实现。

（7）HTML5 游戏

前几年， 基于 HTML5 开发的游戏非常火爆。近两年虽然基于 HTML5 的游戏受到了不小的冲击，但是如果能找到合适的盈利模式，HTML5 依然是手机端开发游戏的首选技术。

（8）移动互联网

如今移动设备已经占领世界，使用手机支付，使用手机端订购外卖，这意味着今后传统的 PC 机将会面临巨大的挑战，HTML5 是最移动化的开发工具。其很多的 meta 标签允许用户优化移动：viewport: 允许用户定义 viewport 宽度并进行缩放设置；全屏浏览器：ISO 指定的数值允许 Apple 设备以全屏模式显示；Home screen icons: 就像桌面收藏，这些图标可以用来添加收藏到 ISO 和 Android 移动设备的首页上。

（9）HTML5 既是现在也是未来

HTML5 是当今世界上最火热的前端开发技术！其更多的元素已经被很多公司采用，并且已经开发得很成熟。

HTML5 使书写代码变得简单清晰，改变了用户书写代码的方式及其设计方式。

1.4　元素的分类

HTML5 新增了很多元素，也废除了不少元素。根据现有的标准规范，把 HTML5 的元素按等级定义为结构性元素、级块性元素、行内语义性元素和交互性元素四大类。

■ 1.4.1　结构性元素

结构性元素主要负责 Web 的上下文结构定义，确保 HTML 文档的完整性，这类元素包括以下几个。

- Section：在 Web 页面应用中，该元素可用于区域的章节表述。
- Header：页面主体上的头部，注意区别于 head 元素。可以给初学者提供一个小技巧用来区分，head 元素中的内容往往是不可见的，header 元素往往在一对 body 元素之中。

- Footer：页面底部，通常会在这里标出网站的一些相关信息。例如，关于我们、法律声明、邮件信息和管理入口等。
- Nav：是专门用于菜单导航、链接导航的元素。是 Navigator 的缩写。
- Article：用于表示一篇文章的主体内容，一般是文字集中显示的区域。

■ 1.4.2　级块性元素

级块性元素主要完成 Web 页面区域的划分，以确保内容的有效分隔，这类元素包括以下几个。

- Aside：用于表示注记、贴士、侧栏、摘要、插入、引用等作为补充主体的内容。从一个简单页面显示上看，就是侧边栏，可以在左边，也可以在右边。从一个页面的局部看，就是摘要。
- Figure：是对多个元素组合并展示的元素，通常与 figcaption 组合使用。
- Code：表示一段代码块。
- Dialog：用于表达人与人之间的对话，该元素还包括 dt 和 dd 这两个组合元素，它们常常同时使用，dt 用于表示说话者，而 dd 则用来表示说的内容。

■ 1.4.3　行内语义性元素

行内语义性元素主要完成 Web 页面具体内容的引用和表示，是丰富内容展示的基础，这类元素包括以下几个。

- Meter：表示特定范围内的数值，可用于工资、数量、百分比等。
- Time：表示时间值。
- Progress：用来表示进度条，可通过对其 max、min、step 等属性进行控制，完成进度的表示和监视。
- Video：视频元素，用于支持和实现视频文件的直接播放，支持缓冲预载和多种视频媒体格式，如 MPEG-4、OGGV 和 WEBM 等。
- Audio：音频元素，用于支持和实现音频文件的直接播放，支持缓冲预载和多种音频媒体格式。

■ 1.4.4　交互性元素

交互性元素主要用于功能性的内容表达，会有一定的内容和数据的关联，是各种事件的基础，这类元素包括以下几个。

- Details：用来表示一段具体的内容，但是内容可能默认不显示，通过某种手段（如单击）legend 交互才会显示。
- Datagrid：用来控制客户端数据与显示，可以由动态脚本及时更新。
- Menu：主要用于交互表单。
- Command：用来处理命令按钮。

1.5 新增元素

在 HTML5 中，增加了以下元素。使用这些新的元素，前端设计人员可以更加省力和高效地制作出视觉良好的网页。下面对所有新增元素的使用方法进行介绍。

（1）section 元素

<section> 标签定义文档中的节（section、区段）。比如章节、页眉、页脚或文档中的其他部分。

在 HTML4 中，div 元素与 section 元素具有相同的功能，其语法格式如下：

```
<div>...</div>
```

示例代码如下：

```
<div>HTML5+CSS3</div>
```

在 HTML5 中，section 语法格式如下：

```
<section>...</section>
```

示例代码如下：

```
<section>HTML5+CSS3</section>
```

（2）article 元素

<article> 标签定义外部的内容。

外部内容可以是来自一个外部新闻提供者的一篇新的文章，或者来自 blog 的文本，或者是来自论坛的文本，抑或是来自其他外部的源内容。

在 HTML4 中，div 元素与 article 元素具有相同的功能，其语法格式如下：

```
<div>...</div>
```

示例代码如下：

```
<div>HTML5</div>
```

在 HTML5 中，article 语法格式如下：

```
< article >...</ article >
```

示例代码如下：

```
< article >HTML5+CSS3</ article >
```

（3）aside 元素

<aside> 元素用于表示 article 元素内容之外的，并且与 aside 元素的内容相关的一些辅助信息。

在 HTML4 中，div 元素与 aside 元素具有相同的功能，其语法格式如下：

```
<div>...</div>
```

示例代码如下：

```
<div>HTML5+CSS3</div>
```

在 HTML5 中，aside 语法格式如下：

< aside >...</ aside >

示例代码如下：

< aside >HTML5+CSS3</ aside >

（4）header 元素

<header> 元素表示页面中一个内容区域或整个页面的标题。

在 HTML4 中，div 元素与 header 元素具有相同的功能，其语法格式如下：

<div>...</div>

示例代码如下：

<div>HTML5+CSS3</div>

在 HTML5 中，header 语法格式如下：

<header>...</header>

示例代码如下：

<header>HTML5+CSS3</header>

（5）fhgroup 元素

<fhgroup> 元素用于组合整个页面或页面中一个内容区块的标题。

在 HTML4 中，div 元素与 fhgroup 元素具有相同的功能，其语法格式如下：

<div>...</div>

示例代码如下：

<div>HTML5 学习指南 </div>

在 HTML5 中，fhgroup 语法格式如下：

<fhgroup>...</fhgroup>

示例代码如下：

<fhgroup>HTML5+CSS3</fhgroup>

（6）footer 元素

<footer> 元素用于组合整个页面或页面中一个内容区块的脚注。

在 HTML4 中，div 元素与 footer 元素具有相同的功能，其语法格式如下：

<div>...</div>

示例代码如下：

<div>
XXX 大学计算机系 2016 届学员
李磊
139xxxx2505
2017-03-12

```
</div>
```

在 HTML5 中，footer 语法格式如下：

```
<footer>...</footer>
```

示例代码如下：

```
<footer>
XXX 大学计算机系 2016 届学员 <br/>
李磊 <br/>
139xxxx25/05<br/>
2017-03-12
</footer>
```

（7）nav 元素

<nav> 标签定义导航链接的部分。

在 HTML4 中，使用 ul 元素替代 nav 元素，其语法格式如下：

```
<ul>...</ul>
```

示例代码如下：

```
<ul>
<li>items01</li>
<li>items02</li>
<li>items03</li>
<li>items04</li>
</ul>
```

在 HTML5 中，nav 语法格式如下：

```
<nav>...</nav>
```

示例代码如下：

```
<nav>
<a href="">items01</a>
<a href="">items02</a>
<a href="">items03</a>
<a href="">items04</a>
</nav>
```

（8）figure 元素

<figure> 标签用于对元素进行组合。

在 HTML4 中，示例代码如下：

```
<dl>
<h1>HTML5</h1>
<p>HTML5 是当今最流行的网络应用技术
```

之一 </p>
```
</dl>
```

在 HTML5 中，figure 使用范例如下：

```
<figure>
<figcaption>HTML5</figcaption>
<p>HTML5 是当今最流行的网络应用技术
之一 </p>
</figure>
```

（9）video 元素

<video> 标签用于定义视频，例如电影片段等。

在 HTML4 中，示例代码如下：

```
<object data="movie.mp4" type="video/
mp4">
<param name="" value="movie.mp4">
</object>
```

在 HTML5 中，video 使用范例如下：

```
<video width="320" height="240" controls>
<source src="movie.mp4" type="video/
mp4">
<source src="movie.ogg" type="video/ogg">
```

您的浏览器不支持 video 标签。

```
</video>
```

（10）audio 元素

<audio> 标签用于定义音频，例如歌曲片段等。

在 HTML4 中，示例代码如下：

```
<object data="music.mp3" type="application/
mp3">
<param name="" value="music.mp3">
</object>
```

在 HTML5 中，audio 使用范例如下：

```
<audio controls>
<source src="music.mp3" type="audio/
mp4">
<source src="music.ogg" type="audio/ogg">
```

您的浏览器不支持 audio 标签。

```
</audio>
```

（11）embed 元素

<embed> 标签定义嵌入的内容，比如插件。

在 HTML4 中，示例代码如下：

```
<object data="flash.swf" type="application/x-shockwave-flash"></object>
```

在 HTML5 中，embed 使用范例如下：

```
<embed src="helloworld.swf" />
```

（12）mark 元素

<mark> 元素主要突出显示部分文本。

在 HTML4 当中，span 元素与 mark 元素具有相同的功能，其语法格式如下：

```
<span>...</span>
```

示例代码如下：

```
<span>HTML5 技术的运用 </span>
```

在 HTML5 中，mark 元素的语法如下：

```
<mark>...</mark>
```

示例代码如下：

```
<mark>HTML5 技术的运用 </mark>
```

（13）progress 元素

<progress> 元素表示运行中的进程，可以使用 progress 元素来显示 javascript 中耗费时间函数的进程。

在 HTML5 中，progress 元素的语法如下：

```
<progress></progress>
```

progress 元素是 HTML5 中新增的元素，HTML4 没有相应的元素来表示。

（14）meter 元素

<meter> 元素表示度量衡，仅用于已知最大值和最小值的度量。

在 HTML5 中，meter 元素的语法如下：

```
<meter></meter>
```

meter 元素是 HTML5 中新增的元素，HTML4 没有相应的元素来表示。

（15）time 元素

<time> 元素表示日期和时间

在 HTML5 中，time 元素的语法如下：

```
<time></time>
```

time 元素是 HTML5 中新增的元素，HTML4 没有相应的元素来表示。

（16）wbr 元素

\<wbr\> (Word Break Opportunity) 标签规定在文本中的何处适合添加换行符。

在 HTML5 中，wbr 元素的语法如下：

\<p\> 尝试缩小浏览器窗口，以下段落的 "XMLHttpRequest" 单词会被分行：\</p\>

\<p\> 学习 AJAX，您必须熟悉 \<wbr\>Http\<wbr\>Request 对象。\</p\>

\<p\>\<b\> 注意：\</b\> IE 浏览器不支持 wbr 标签。\</p\>

wbr 元素是 HTML5 中新增的元素，HTML4 没有相应的元素来表示。

（17）canvas 元素

\<canvas\> 标签定义图形，比如图表和其他图像，必须使用脚本来绘制图形。

在 HTML5 中，canvas 元素的语法如下：

\<canvas id="myCanvas" width="500" height="500"\>\</canvas\>

canvas 元素是 HTML5 中新增的元素，HTML4 没有相应的元素来表示。

（18）command 元素

\<command\> 标签可以定义用户可能调用的命令（比如单选按钮、复选框或按钮）。

在 HTML5 中，command 元素的语法如下：

\<command onclick="cut()" label="cut"/\>

command 元素是 HTML5 中新增的元素，HTML4 没有相应的元素来表示。

（19）datalist 元素

\<datalist\> 标签规定了 \<input\> 元素可能的选项列表。

datalist 元素通常与 input 元素配合使用。

在 HTML5 中，datalist 元素的语法如下：

\<input list="browsers"\>

\<datalist id="browsers"\>

\<option value="Internet Explorer"\>

\<option value="Firefox"\>

\<option value="Chrome"\>

\<option value="Opera"\>

\<option value="Safari"\>

\</datalist\>

datalist 元素是 HTML5 中新增的元素，HTML4 没有相应的元素来表示。

（20）details 元素

\<details\> 标签规定了用户可见的或者隐藏的需求的补充细节。

\<details\> 标签用来供用户开启关闭的交互式控件。任何形式的内容都能被放在 \<details\> 标签里面。

\<details\> 元素的内容对用户是不可见的，除非设置了 open 属性。

在 HTML5 中，details 元素的语法如下：

\<details\>

\<summary\>Copyright 1999-2011.\</summary\>

```
<p> - by Refsnes Data. All Rights Reserved.</p>
<p>All content and graphics on this web site are the property of the     company Refsnes </p>
</details>
```

details 元素是 HTML5 中新增的元素，HTML4 没有相应的元素来表示。

（21）datagrid 元素

<datagrid> 标签表示可选数据的列表，它以树形列表的形式来显示。

在 HTML5 中，datagrid 元素的语法如下：

```
<datagrid>...</datagrid>
```

datagrid 元素是 HTML5 中新增的元素，HTML4 没有相应的元素来表示。

（22）keygen 元素

<keygen> 标签用于生成密钥。

在 HTML5 中，keygen 元素的语法如下：

```
<keygen>
```

keygen 元素是 HTML5 中新增的元素，HTML4 没有相应的元素来表示。

（23）output 元素

<output> 元素表示不同类型的输出，例如脚本的输出。

在 HTML5 中，output 元素的使用代码如下：

```
<output></output>
```

在 HTML4 中，output 应用示例代码如下：

```
<span></span>
```

（24）source 元素

<Source> 元素用于为媒介元素定义媒介资源。

在 HTML5 中，source 元素的示例代码如下：

```
<source type="" src=""/>
```

在 HTML4 中，source 元素的示例代码如下：

```
<param
```

（25）menu 元素

<menu> 元素表示菜单列表。在希望列出表单控件时使用该标签。

在 HTML5 中，menu 元素的示例代码如下：

```
<menu>
<li>items01</li>
<li>items02</li>
</menu>
```

1.6 新增属性

在 HTML5 中不仅新增了许多元素，还新增了一些属性，新增的这些属性中，表单的属性最为重要，下面进行具体讲解。

■ 1.6.1 表单相关属性

在 HTML5 中，表单新增属性如下。

- autofocus 属性：该属性可以用在 input（type=text，select，textarea，button）元素当中。autofocus 属性可以让元素在打开页面时自动获得焦点。
- placeholder 属性：该属性可以用在 input(type=text,password,textarea) 元素当中，使用该属性会对用户的输入进行提示，通常用于提示用户可以输入的内容。
- form 属性：该属性用在 input、output、select、textarea、button 和 fieldset 元素当中。
- Required 属性：该属性用在 input(type=text) 元素和 textarea 元素当中，表示用户提交时进行检查，检查该元素内一定要有输入内容。
- 在 input 元素与 button 元素中增加了新属性 formaction、formenctype、formmethod、formnovavalidate 与 formtarget，这些属性可以重载 form 元素的 action、enctype、method、novalidate 与 target 属性。
- 在 input 元素、button 元素和 form 元素中增加了 novalidate 属性，该属性可以取消提交时进行的有关检查，表单可以被无条件地提交。

■ 1.6.2 其他相关属性

在 HTML5 中，新增的与链接相关的其他属性分别如下。

- 在 a 与 area 元素中增加了 media 属性，该属性规定目标 URL 是用什么类型的媒介进行优化的。
- 在 area 元素中增加了 hreflang 属性与 rel 属性，以保持与 a 元素和 link 元素的一致。
- 在 link 元素中增加了 sizes 属性。该属性用于指定关联图标 (icon 元素) 的大小，通常可以与 icon 元素结合使用。
- 在 base 元素中增加了 target 属性，主要目的是保持与该元素的一致性。
- 在 meta 元素中增加了 charset 属性，该属性为文档的字符编码的指定提供了一种良好的方式。
- 在 meta 元素中增加了 type 和 label 两个属性。label 属性为菜单定义一个可见的标注，type 属性让菜单可以以上下文菜单、工具条与列表菜单 3 种形式出现。
- 在 style 元素中增加了 scoped 属性，用来规定样式的作用范围。
- 在 script 元素中增加了 async 属性，该属性用于定义脚本是否异步执行。

1.7　课堂练习

课堂练习为大家准备了一个新增的主体结构元素 nav 的用法，请制作出与图 1-6 所示相同的效果。

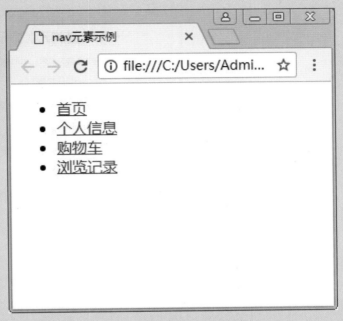

图 1-6

图 1-6 效果的代码如下：

```
<!DOCTYPE html>
<html>
<head>
<meta charset="UTF-8">
<title>nav 元素示例 </title>
</head>
<body>
<nav>
<ul>
<li><a href="http://www.baidu.com"> 首页 </a></li>
<li><a href="./ 个人信息 .html"> 个人信息 </a></li>
<li><a href="#"> 购物车 </a></li>
<li><a href="#"> 浏览记录 </a></li>
</ul>
</nav>
</body>
</html>
```

强化训练

学习了本章后，相信大家对HTML5 中新增属性和元素有了一个全新的认识，下面的练习是根据本节所涉及的知识设计的，请根据图 1-7所示，完成设计。

图 1-7

操作提示：

上图中主要表现的是 section 元素和 article 元素的区别，提示代码如下：

```
<!DOCTYPE html>
<html lang="en">
<head>
<meta charset="UTF-8">
<title>article&section</title>
<style>
*{text-align: center;         }
</style>
</head>
<body>
<article>
<hgroup>
<h1>HTML5 结构元素解析 </h1>
</hgroup>
<p>HTML5 中两个非常重要的元素，
article 与 section</p>
<section>
<h1>article 元素 </h1>
<p>article 元素一般用于文章区块，定义
外观的内容 </p>
</section>
<section>
<h1>section 元素 </h1>
<p>section 元素主要用来定义文档中的节
</p>
</section>
<section>
<h1> 区别 </h1>
<p> 二者区别较为明显，大家注意两个元
素的应用范围与场景 </p>
</section>
</article>
</body>
</html>
```

本章结束语

通过对本章学习，已对 HTML5 主体结构元素和非主体结构元素有了一定的了解，这些元素明显地比以前的 div 标签更具有语义化。熟悉这些标签还需要不断地去使用。

CHAPTER 02
在页面中绘图

本章概述 SUMMARY

HTML5 带来了一个非常令人期待的新元素——canvas 元素。这个元素可以被 JavaScript 用来绘制图形。利用这个元素创作，可以把自己喜欢的图形和图像随心所欲地展现在 web 页面上。本章学习如何通过 canvasAPI 来操作 canvas 元素。

■ 学习目标

了解 canvas 元素的基本概念。

掌握如何使用 canvas 绘制一个简单的形状。

学会使用路径的方法，能够利用路径绘制多边形。

掌握在 canvas 画布中绘制图像的方法。

学会在画布中绘制文字，以及给文字添加阴影的方法。

■ 课时安排

理论知识 1 课时。

上机练习 2 课时。

知识导图：

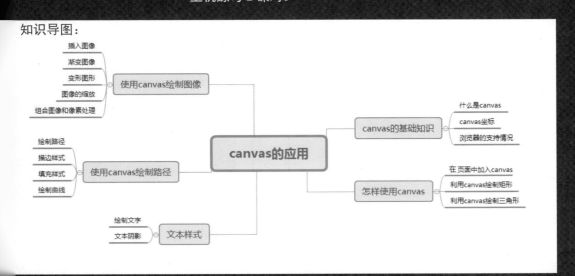

2.1 canvas 入门

Canvas 元素允许脚本在浏览器页面当中动态地渲染点阵图像，新的 HTML5 canvas 是一个原生 HTML 绘图簿，用于 JavaScript 代码，不使用第三方工具。运行于所有 web 浏览器的完整 HTML5 支持还没有完成，但在新兴的支持中，canvas 已经可以在所有现代浏览器上良好地运行，但 Windows® Internet Explorer® 除外。幸运的是，一个解决方案已经出现，将 Internet Explorer 也包含了进来。

2.1.1 canvas 含义

<canvas> 是 HTML5 新增的元素，一个可以使用脚本 (通常为 JavaScript) 在其中绘制图像的 HTML 元素。它可以用来制作照片集或者制作简单的动画，甚至可以进行实时视频处理和渲染。

它最初由苹果内部使用自己的 MacOS X WebKit 推出，供应用程序使用像仪表盘的构件和 Safari 浏览器使用。后来，有人通过 Gecko 内核的浏览器 (尤其是 Mozilla 和 Firefox)，Opera、Chrome 和超文本网络应用技术工作组建议在下一代的网络技术中使用该元素。

Canvas 是由 HTML 代码配合高度和宽度属性而定义出的可绘制区域。JavaScript 代码可以访问该区域，类似于其他通用的二维 API，通过一套完整的绘图函数来动态生成图形。现在已经没有浏览器不支持 canvas 标记了。

2.1.2 canvas 坐标

canvas 元素默认被网格所覆盖。通常来说，网格中的一个单元相当于 canvas 元素中的一个像素。栅格的起点为左上角（坐标为（0,0））。所有元素的位置都相对于原点来定位。所以图中中间方块左上角的坐标为距离左边（X 轴）x 像素，距离上边（Y 轴）y 像素（坐标为（x,y））。如图 2-1 所示。

尽管 canvas 元素功能非常强大，用处也很多，但在某些情况下，如果其他元素已经够用了，就不用再使用 canvas 元素了。例如，用 canvas 元素在 HTML 页面中动态绘制所有不同的标题，就不如直接使用标题样式标签（H1、H2 等），因为它们所实现的效果是一样的。

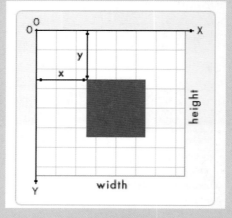

图 2-1

2.2 使用 canvas

本节将深入探讨 HTML5 canvas API。使用各种 HTML5 canvas API 创建一幅类似于 LOGO 的图像，图像为森林场景，有树，还有适合长跑比赛的跑道。虽然这个示例从平面设计的角度来看毫无竞争力，但却可以合理演示 HTML5 canvas 的各种功能。

■ 2.2.1 在页面中加入 canvas

在 HTML 页面中插入 canvas 元素非常直观。下面就是一段可以被插入到 HTML 页面中的 canvas 代码。

语法描述：

```
<canvas width="300" height="300"></canvas>
```

以上代码会在页面上显示出一块 300×300 像素的区域，但是在浏览器中是看不见的，如果需要很直观地在浏览器中预览效果的话，可以为 canvas 添加一些 CSS 样式，例如添加边框和背景色。

小试身手：canvas 在页面中的用法

绘制绿色矩形示例代码如下：

```
<!DOCTYPE html>
<html lang="en">
<head>
<meta charset="UTF-8">
<title>canvas</title>
<style>
canvas{
border:2px solid red;
background:green;

}
</style>
</head>
<body>
<canvas id="diagonal" width="300"
height="300"></canvas>
</body>
</html>
```

代码的运行效果如图 2-2 所示。

现在已经拥有了一个带有边框和绿色背景的矩形了，这个矩形就是接下来的画布。在没有 canvas 时，想在页面上画一条对角线是非常困难的，但是自从有了 canvas 之后，绘制对角线的工作就非常轻松了，只需要几行代码即可在"画布"中绘制一条标准的对角线。

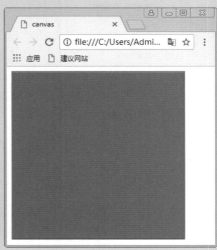

图 2-2

小试身手：绘制矩形的对角线

绘制对角线示例代码如下：

```
<script>
Function drawDiagonal(){
// 取得 canvas 元素及其绘图上下文
Var canvas=document.getElementById('diagonal');
Var context=canvas.getContext('2d');
// 用绝对坐标来创建一条路径
context.beginPath();
context.moveTo(0,300);
context.lineTo(300,0);
// 将这条线绘制到 canvas 上
context.stroke();
}
window.addEventListener("load",drawDiagonal,true);
</script>
```

代码的运行效果如图 2-3 所示。

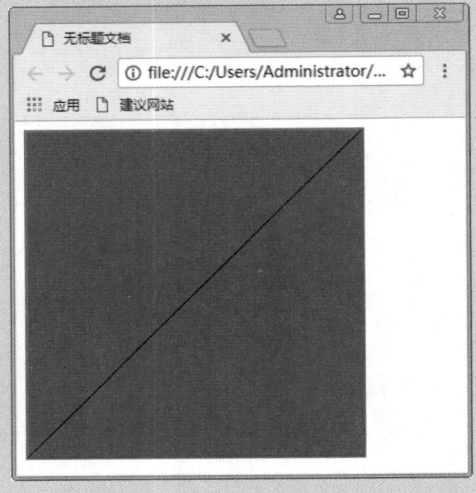

图 2-3

仔细看一下上面这段绘制对角线的 JavaScript 代码。虽然简单，却展示出了使用 HTML5 canvas API 的重要流程。

首先通过引用特定的 canvas ID 值来获取对 canvas 对象的访问权。在这段代码中，ID 就是 diagonal。接着定义一个 context 变量，调用 canvas 对象的 getContext 方法，并传入希望使用的 canvas 类型。代码清单中通过传入 "2d" 来获取一个二维上下文，这也是到目前为止唯一可用的上下文。

接下来，基于这个上下文执行画线的操作。在代码清单中，调用了三个方法——beginPath、moveTo 和 lineTo，传入了这条线的起点和终点的坐标。

知识拓展

moveTo 和 lineTo 实际上并不画线，而是在结束 canvas 操作时，通过调用 context.stroke() 方法完成线条的绘制。虽然从这条简单的线段中想象不到最新最美的图画，不过与以前的拉伸图像、怪异的 CSS 和 DOM 对象以及其他怪异的实现形式相比，使用基本的 HTML 技术在任意两点间绘制一条线段已经是非常大的进步了。

■ 2.2.2　绘制矩形和五角形

前面章节介绍了 canvas 的工作原理，下面就来在页面中利用 canvas 绘制矩形与五角形，以对 canvas 有进一步的认识。

1. 绘制矩形

canvas 只是一个绘制图形的容器，除了 id、class、style 等属性外，还有 height 和 width 属性。在 <canvas> 元素上绘图主要有三步。

获取 <canvas> 元素对应的 DOM 对象，这是一个 canvas 对象；

调用 canvas 对象的 getcontext() 方法，得到一个 CanvasRenderingContext2D 对象；

调用 canvasRenderingcontext2D 对象进行绘图。

绘制矩形 rect()、fillRect() 和 strokeRect() 函数的定义内容如下：

- context.rect(x , y , width , height)：只定义矩形的路径。
- context.fillRect(x , y , width , height)：直接绘制出填充的矩形。
- context.strokeRect(x , y , width , height)：直接绘制出矩形边框。

小试身手：同时绘制两个矩形

HTML 代码如下：

```
<canvas id="demo" width="300"
height="300"></canvas>
```

JavaScript 代码如下：

```
<script>
Var canvas=document.
getElementById("demo");
Var context = canvas.getContext("2d");
// 使用 rect 方法
context.rect(10,10,190,190);
context.lineWidth = 2;
context.fillStyle = "#3EE4CB";
context.strokeStyle = "#F5270B";
context.fill();
context.stroke();
// 使用 fillRect 方法
context.fillStyle = "#1424DE";
context.fillRect(210,10,190,190);
// 使用 strokeRect 方法
context.strokeStyle = "#F5270B";
context.strokeRect(410,10,190,190);
// 同时使用 strokeRect 方法和 fillRect 方法
context.fillStyle = "#1424DE";
context.strokeStyle = "#F5270B";
context.strokeRect(610,10,190,190);
context.fillRect(610,10,190,190);
</script>
```

代码的运行效果如图 2-4 所示。

图 2-4

第一：stroke() 和 fill() 绘制的前后顺序，如果用 fill() 在后面绘制，那么当 stroke 边框较大时，会明显地把 stroke() 绘制出的边框遮住一半；第二：设置 fillStyle 或 strokeStyle 属性时，可以通过"rgba(255,0,0,0.2)"的方式来设置，设置的最后一个参数是透明度。

知识拓展

与矩形绘制有关的：清除矩形区域：context.clearRect(x,y,width,height)。接收参数分别为：清除矩形的起始位置以及矩形的宽和长。用上面的代码绘制图形时，最后应加上：context.clearRect(100,60,600,100)。

代码的运行效果如图 2-5 所示。

图 2-5

2. 绘制五角形

小试身手：闪闪红星放光芒

五角星的绘制代码如下：

HTML 代码如下：

```
<canvas id="canvas" width="500" height="500"></canvas>
```

JavaScript 代码如下：

```
<script>
var canvas = document.getElementById("canvas");
  var context = canvas.getContext("2d");
  context.beginPath();
  // 设置是个顶点的坐标，根据顶点制定路径
  for (var i = 0; i < 5; i++) {
      context.lineTo(Math.cos((18+i*72)/180*Math.
PI)*200+200,
                  -Math.sin((18+i*72)/180*Math.
PI)*200+200);
      context.lineTo(Math.cos((54+i*72)/180*Math.
PI)*80+200,
                  -Math.sin((54+i*72)/180*Math.
PI)*80+200);
  }
  context.closePath();
  // 设置边框样式以及填充颜色
  context.lineWidth="3";
  context.fillStyle = "red";
  context.strokeStyle = "green";
  context.fill();
  context.stroke();
</script>
```

代码的运行效果如图 2-6 所示。

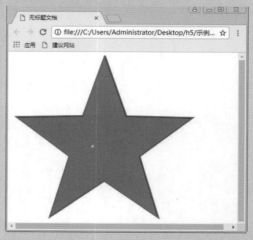

图 2-6

通过上面两个案例，相信大家已经对如何在 canvas 上绘制图形有了初步的认识。可以总结如下。

利用 fillStyle 和 strokeStyle 属性可以方便地设置矩形的填充和线条，颜色值使用和 CSS 一样，包括十六进制数——rgb()、rgba() 和 hsla。

● 使用 fillRect 可以绘制带填充的矩形。

● 使用 strokeRect 可以绘制只有边框没有填充的矩形。

● 如果想清除部分 canvas，可以使用 clearRect。

以上几个方法的参数都是相同的，包括 x、y 和 width、height。

2.2.3 检测浏览器是否支持

在创建 HTML5 canvas 元素之前，首先要确保浏览器能够支持它。如果不支持，就要提供一些替代文字。以下代码就是检测浏览器支持情况的一种方法。

小试身手：浏览器的支持情况检测

（1）HTML 代码：

```
<canvas id="test-canvas" width="200" heigth="100">
<p> 你的浏览器不支持 Canvas</p>
</canvas>
```

（2）JavaScript 代码如下：

```
<script>
var canvas = document.getElementById('test-canvas');
if (canvas.getContext) {
alert(' 你的浏览器支持 Canvas!');
} else {
alert(' 你的浏览器不支持 Canvas!');
}
</script>
```

代码的运行效果如图 2-7 所示。

上面的代码试图创建一个 canvas 对象，并且获取其上下文。如果发生错误，则可以捕获错误，进而得知该浏览器不支持 canvas。在页面中预先放入了 ID 为 support 的元素，通过适当的信息更新该元素的内容，可以反映出浏览器的支持情况。

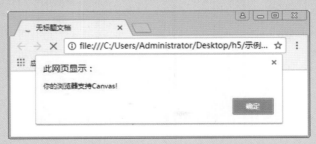

图 2-7

2.3 绘制曲线路径

　　canvas 提供了绘制矩形的 API，但对于曲线，并没有提供直接可以调用的方法。因此，需要利用 canvas 的路径来绘制曲线。使用路径，可以绘制线条、连续的曲线及复合图形。本章将学习利用 canvas 的路径绘制曲线的方法。

■ 2.3.1 绘制路径的方法

　　关于绘制线条，还能提供很多有创意的方法。现在进一步学习稍复杂点的图形——路径。HTML5 canvas API 中的路径代表希望呈现的任何形状。本章对角线示例就是一条路径，在代码中调用 beginPath，就说明是要开始绘制路径了。实际上，路径可以任意复杂：多条线、曲线段，甚至是子路径。

　　第一个需要调用的就是 beginPath。这个简单的函数不带任何参数，它用来通知 canvas 将要开始绘制一个新的图形了。对于 canvas 来说，beginPath 函数最大的用处是 canvas 需要据此来计算图形的内部和外部范围，以便完成后续的描边和填充。

　　路径会跟踪当前坐标，默认值是原点。canvas 本身也跟踪当前坐标，不过可以通过绘制代码来修改。

　　调用了 beginPath 之后，就可以使用 context 的各种方法来绘制想要的形状了。到目前为止，已经用到了几个简单的 context 路径函数。

　　moveTo(x, y)：不绘制，只是将当前位置移动到新的目标坐标 (x,y) 上。

　　lineTo(x, y)：不仅将当前位置移动到新的目标坐标 (x,y)，而且在两个坐标之间画一条直线。

　　上面两个函数的区别在于：moveTo 就像是提起画笔，移动到新位置，而 lineTo 告诉 canvas 用画笔在纸上的旧坐标上画条直线到新坐标。不过，再次提醒一下，不管调用哪一个，都不会真正画出图形，因为还没有调用 stroke 或者 fill 函数。目前，只是在定义路径的位置，以便在后面绘制时使用。

小试身手：使用路径和闭合路径

　　路径的绘制代码如下：

```
<!DOCTYPE html>
<html lang="en">
<head>
<meta charset="UTF-8">
<title>canvas 路径 </title>
</head>
<body>
< canvas id="demo" width="300"
height="300"></canvas>
</body>
<script>
function createCanopyPath(context) {
```

```
// 绘制树冠
context.beginPath();
context.moveTo(-25, -50);
context.lineTo(-10, -80);
context.lineTo(-20, -80);
context.lineTo(-5, -110);
context.lineTo(-15, -110);
// 树的顶点
context.lineTo(0, -140);
context.lineTo(15, -110);
context.lineTo(5, -110);
context.lineTo(20, -80);
```

```
context.lineTo(10, -80);
context.lineTo(25, -50);
// 连接起点，闭合路径
context.closePath();
}
drawTrails();
function drawTrails() {
var canvas = document.getElementById('demo');
var context = canvas.getContext('2d');
context.save();
```

```
context.translate(130, 250);
// 创建表现树冠的路径
createCanopyPath(context);
// 绘制当前路径
context.stroke();
context.restore();
}
</script>
</html>
```

代码的运行效果如图 2-8 所示。

从上面的代码中可以看到，在 JavaScript 中第一个函数用到的仍然是前面用过的移动和画线命令，只不过调用次数多了一些。这些线条表现的是树冠的轮廓，最后闭合了路径。

第二个函数在这段代码中的所有调用想必大家已经很熟悉了。先获取 canvas 的上下文对象，进行保存，以便后续使用，将当前位置变换到新位置，画树冠，绘制到 canvas 上，最后恢复到上下文的初始状态。

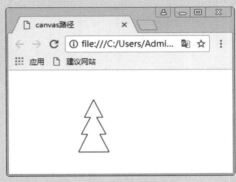

图 2-8

■ 2.3.2　描边样式的使用

如果只能绘制直线，而且只能使用黑色，HTML5 canvas API 就不会如此强大和流行。下面使用描边样式让树冠看起来更像是树。下面代码展示了一些基本命令，其功能是通过修改 context 的属性，让绘制的图形更生动。

小试身手：为上个示例的路径描边

描边样式的示例代码如下：

```
<!DOCTYPE html>
<html lang="en">
<head>
<meta charset="UTF-8">
<title>canvas 描边 </title>
</head>
<body>
<canvas id="demo" width="300"
height="300"></canvas>
</body>
<script>
function createCanopyPath(context) {
```

```
// 绘制树冠
context.beginPath();
context.moveTo(-25, -50);
context.lineTo(-10, -80);
context.lineTo(-20, -80);
context.lineTo(-5, -110);
context.lineTo(-15, -110);
// 树的顶点
context.lineTo(0, -140);
context.lineTo(15, -110);
context.lineTo(5, -110);
context.lineTo(20, -80);
```

```
context.lineTo(10, -80);                          // 绘制当前路径
context.lineTo(25, -50);                           context.stroke();
// 连接起点，闭合路径                                 context.restore();
context.closePath();                               // 加宽线条
}                                                   context.lineWidth = 4;
drawTrails();                                       // 平滑路径的接合点
function drawTrails() {                             context.lineJoin = 'round';
var canvas = document.getElementById               // 将颜色改成棕色
('demo');                                           context.strokeStyle = '#663300';
var context = canvas.getContext('2d');             // 最后，绘制树冠
context.save();                                     context.stroke();
context.translate(130, 250);                        }
// 创建表现树冠的路径                                 </script>
createCanopyPath(context);                          </html>
```

代码的运行效果如图 2-9 所示。

图 2-9

设置上面的这些属性可以改变以后将要绘制的图形外观，这个外观可以保持到将
context 恢复到上一个状态。

绘制描边样式的步骤如下。

① 将线条宽度加粗到 3 像素。

② 将 lineJoin 属性设置为 round，这是修改当前形状中线段的连接方式，以让拐角变
得更圆滑；也可以把 lineJoin 属性设置成 bevel 或者 miter（相应的 context.miterLimit 值也
需要调整），以此来变换拐角样式。

③ 通过 strokeStyle 属性改变了线条的颜色。在这个例子中，使用了 CSS 值来设置颜色。
在后面几节中，还将看到 strokeStyle 的值可以用于生成特殊效果的图案或者渐变色。

■ 2.3.3　填充和曲线的绘制方法

在实际中，不只有直线和矩形。canvas 提供了一系列绘制曲线的函数和填充的样式。
接下来用最简单的曲线函数二次曲线来绘制林荫小路和为树冠填充颜色。以下代码演示了
如何添加两条二次曲线和填充颜色。

小试身手：填充颜色和曲线的绘制

颜色填充和曲线的绘制代码如下：

```
<!DOCTYPE html>
<html lang="en">
<head>
<meta charset="UTF-8">
<title>canvas 绘制曲线 </title>
</head>
<body>
<canvas id="demo" width="300"
height="300"></canvas>
</body>
<script>
function createCanopyPath(context) {
// 绘制树冠
context.beginPath();
context.moveTo(-25, -50);
context.lineTo(-10, -80);
context.lineTo(-20, -80);
context.lineTo(-5, -110);
context.lineTo(-15, -110);
// 树的顶点
context.lineTo(0, -140);
context.lineTo(15, -110);
context.lineTo(5, -110);
context.lineTo(20, -80);
context.lineTo(10, -80);
context.lineTo(25, -50);
// 连接起点，闭合路径
context.closePath();
}
drawTrails();
function drawTrails() {
var canvas = document.getElementById
('demo');
var context = canvas.getContext('2d');
context.save();
context.translate(130, 250);
// 创建表现树冠的路径
createCanopyPath(context);
// 绘制当前路径
context.stroke();
context.restore();
```

```
// 将填充色设置为绿色并填充树冠
context.fillStyle='#339900';
context.fill();
// 保存 canvas 的状态并绘制路径
context.save();
context.translate(-10, 350);
context.beginPath();
// 第一条曲线向右上方弯曲
context.moveTo(0, 0);
context.quadraticCurveTo(170, -50, 260,
-190);
// 第二条曲线向右下方弯曲
context.quadraticCurveTo(310, -250, 410,
250);
// 使用棕色的粗线条来绘制路径
context.strokeStyle = '#663300';
context.lineWidth = 20;
context.stroke();
// 恢复之前的 canvas 状态
context.restore();
}
</script>
</html>
```

代码的运行效果如图 2-10 所示。

图 2-10

quadraticCurveTo 函数绘制曲线的起点是当前坐标，带有两组（x,y）参数。第二组是指曲线的终点。第一组代表控制点（control point）。所谓的控制点位于曲线的旁边（不是曲线之上），其作用相当于对曲线产生一个拉力。通过调整控制点的位置，即可改变曲线的曲率。在右上方再画一条一样的曲线，以形成一条路径。然后，像之前描边树冠一样把这条路径绘制到 canvas 上。

> **知识拓展** ○
>
> 将 fillStyle 属性设置成合适的颜色。然后，只要调用 context 的 fill 函数即可让 canvas 对当前图形中所有闭合路径内部的像素点进行填充。

2.4　绘制图像

本节将使用 canvas API 的基本功能来插入图像并绘制背景图像。通过实例来熟悉应用 canvas 的变换，从而对 canvas API 有一个更深刻的认识。

■ 2.4.1　使用 canvas 插入图片

在 canvas 中显示图片非常简单。可以通过修正层为图片添加印章、拉伸图片或者修改图片等，并且图片通常会成为 canvas 上的焦点。用 HTML5 canvas API 内置的几个简单命令可以轻松地为 canvas 添加图片内容。

小试身手：如何利用 canvas 在页面中插入图片

在页面中插入图片的代码如下：

```
<!DOCTYPE html>
<html lang="en">
<head>
<meta charset="UTF-8">
<title>Document</title>
<style>
canvas{
border:1px red solid;
}
</style>
</head>
<body>
<canvas id="cv" width="500"
height="500"></canvas>
</body>

<script type="text/javascript">
function drawBeauty(beauty){
var mycv = document.getElementById
("cv");
var myctx = mycv.getContext("2d");
myctx.drawImage(beauty, 0, 0);
}
function load(){
var beauty = new Image();
beauty.src = "fengjing.jpg";
if(beauty.complete){
drawBeauty(beauty);
}else{
beauty.onload = function(){
drawBeauty(beauty);
```

```
};
beauty.onerror = function(){
window.alert(' 风景加载失败，请重试 ');
};
//load
if (document.all) {
window.attachEvent('onload', load);
}else {
window.addEventListener('load', load, false);
}
</script>
</html>
```

代码的运行效果如图 2-11 所示。

图 2-11

知识拓展

　　图片增加了 canvas 操作的复杂度：必须等到图片完全加载后才能对其进行操作。浏览器通常会在页面脚本执行的同时异步加载图片。如果试图在图片未完全加载之前就将其呈现到 canvas 上，那么 canvas 将不会显示任何图片。因此，开发人员要特别注意，在呈现图片之前，应确保其已经加载完毕。

2.4.2　渐变颜色的使用

　　渐变是指两种或两种以上的颜色之间的平滑过渡。对于 canvas 来说，渐变也是可以实现的。在 canvas 中可以实现两种渐变效果：线性渐变和扇形渐变。

小试身手：使用 canvas 实现线性渐变

　　线性渐变的示例代码如下：

```
<!DOCTYPE HTML>
<html>
<head>
<title> 线性渐变 </title>
<meta charset="utf-8"/>
</head>
<body>
<canvas width="500px" height="500px"
id="canvas"></canvas>
</body>
<script>
var canvas=document.getElementById
("canvas");
var context=canvas.getContext("2d");
var grad=context.createLinearGradie
nt(0,0,400,0);
//var grad=context.createLinearGradie
nt(0,0,0,300);
//var grad=context.createLinearGradie
nt(0,0,400,300);
grad.addColorStop(0,"blue");
grad.addColorStop(0.5,"green");
grad.addColorStop(1,"yellow");
context.fillStyle=grad;
context.fillRect(0,0,400,300);
</script>
</html>
```

代码的运行效果如图 2-12 所示。

下面来解释上段关键代码的意义。

var lingrad = context.createLinearGradient(0,0,0,150);

这是创建的一个像素为 400，由左到右的线性渐变。

grad.addColorStop(0,"blue");
grad.addColorStop(0.5,"green");
grad.addColorStop(1,"yellow");

一个渐变可以有两种或更多种的色彩变化。沿着渐变方向，颜色可以在任何地方变化。要增加一种颜色变化，需要指定它在渐变中的位置。渐变位置可以在 0 和 1 之间任意取值。

context.fillStyle=grad;
context.fillRect(0,0,400,300);

图 2-12

如果想让颜色产生渐变的效果，就需要为这个渐变对象设置图形的 fillStyle 属性，并绘制这个图形。接着来绘制扇形渐变。

小试身手：扇形渐变的绘制方法

扇形渐变示例代码如下：

```
<!DOCTYPE HTML>
<html>
<head>
<title> 扇形渐变 </title>
<meta charset="utf-8"/>
</head>
<body>
<canvas id="canvas" width="400px"
height="300px"></canvas>
</body>
<script>
var canvas=document.getElementById("canvas");
var context=canvas.getContext("2d");
var grad=context.createRadialGradie
nt(200,0,100,200,300,100);
//var grad=context.createRadialGradie
nt(0,0,30,200,300,100);
grad.addColorStop(0,"orange");
grad.addColorStop(1,"yellow");
```

```
context.fillStyle=grad;
context.fillRect(0,0,400,300);
</script>
</html>
```

代码的运行效果如图 2-13 所示。

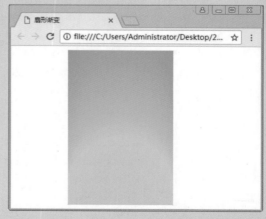

图 2-13

上述代码 context.createRadialGradient(200,0,100,200,300,100)，所表示的含义如下。

200 为渐变开始的圆心横坐标，0 为渐变开始圆的圆心纵坐标，100 为开始圆的半径，200 为渐变结束圆的圆心横坐标，300 为渐变结束圆的圆心纵坐标，100 为结束圆的半径。

■ 2.4.3 变形图形的设置方法

绘制图形时，会经常对绘制的图形进行变化，例如旋转，使用 canvas 的坐标轴变换处理功能，可以实现这样的效果。

对坐标使用变换处理，即可实现图形的变形处理。对坐标的变换处理有以下 3 种方式。

（1）平移

移动图形的绘制主要是通过 translate 方法来实现。定义的方法如下：

```
Context. Translate(x,y);
```

Translate 方法使用两个参数：x 表示将坐标轴原点向左移动若干个单位，默认情况下为像素；y 表示将坐标轴原点向下移动若干个单位。

（2）缩放

使用图形上下文对象的 scale 方法将图像进行缩放。定义的方法如下：

```
Context.scale(x,y);
```

scale 方法使用两个参数，x 是水平方向的放大倍数，y 是垂直方向的放大倍数。缩小图形时，将这两个参数设置为 0~1 的小数即可，例如 0.1 是指将图形缩小十分之一。

（3）旋转

使用图形上下文对象的 rotate 方法将图形进行旋转。定义的方法如下：

```
Context.rotate(angle);
```

Rotate 方法接受一个参数 angle，angle 是指旋转的角度，旋转的中心点是坐标轴的原点。旋转是以顺时针方向进行的，想要逆时针旋转，将 angle 设定为负数即可。

小试身手：让图片旋转起来

旋转图像的示例代码如下：

```html
<!DOCTYPE html>
<head>
<meta charset="UTF-8">
<title> 绘制变形的图形 </title>
<script >
function draw(id)
{
var canvas = document.getElementById(id);
if (canvas == null)
return false;
var context = canvas.getContext('2d');
context.fillStyle ="#fff"; // 设置背景色为白色
context.fillRect(0, 0, 400, 300); // 创建一个画布
// 图形绘制
context.translate(200,50);
context.fillStyle = 'rgba(255,0,0,0.25)';
for(var i = 0;i < 50;i++)
{
context.translate(25,25); // 图形向左，向下各移动 25
```

```
context.scale(0.95,0.95); // 图形缩放
context.rotate(Math.PI / 10); // 图形旋转
context.fillRect(0,0,100,50);
}
}
</script>
</head>
<body onload="draw('canvas');">
<canvas id="canvas" width="400" height="300" />
</body>
</html>
```

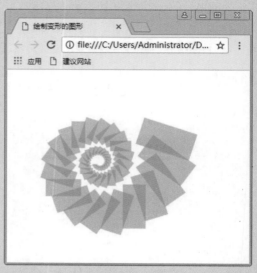

图 2-14

代码的运行效果如图 2-14 所示。

从上述代码可以看出绘制了一个矩形，在循环中反复使用平移坐标轴、图形缩放、图形旋转这 3 种技巧，最后绘制出了变形图形。

■ 2.4.4　组合图形的绘制方法

使用 canvas API 可以将一个图形重叠绘制在另一个图形上面，但是图形中能够被看到的部分完全取决于以哪种方式进行组合，这时需要使用到 canvas API 的图形组合技术。

在 HTML5 中，只要用图形上下文对象的 global Composite Operation 属性就能自行决定图形的组合方式，使用方法如下：

Context. globalCompositeOperation=type

Type 值必须是下面的字符串之一：

- Source-over：这是默认值，表示图形会覆盖在原图形之上。
- Destination-over：表示会在原有图形之下绘制新图形。
- Source-in 新图形只出现与原有图形重叠的部分，其他区域都变成透明的。
- Destination-in：原有图形中与新图形重叠的部分会被保留，其他区域都变成透明的。
- Source-out：只有新图形中与原有内容不重叠的部分会被绘制出来。
- Destination-out：原有图形中与图形不重叠的部分会被保留。
- Source-atop：只绘制新图形中与原有图形重叠的部分和未被重叠覆盖的原有图形，新图形的其他部分变成透明。
- Destination-atop：只绘制原有图形中被新图形重叠覆盖的部分与新图形的其他部分，原有图形中的其他部分变成透明，不绘制新图形中与原有图形相重叠的部分。
- Lighter：两图形重叠部分做加色处理。
- Darker：两图形重叠部分做减色处理。
- Xor：重叠部分会变成透明色。
- Copy：只有新图形会被保留，其他都被清除掉。

小试身手：两个图像的重叠显示

重叠图像的示例代码如下：

```
<!DOCTYPE html>
<head>
<meta charset="UTF-8">
<title> 组合多个图形 </title>
<script >
function draw(id)
{
var canvas = document.getElementById(id);
if (canvas == null)
return false;
var context = canvas.getContext('2d');
// 定义数组
var arr = new Array(
"source-over",
"source-in",
"source-out",
"source-atop",
"destination-over",
"destination-in",
"destination-out",
"destination-atop",
"lighter",
"darker",
"xor",
"copy"
);
i = 8;
// 绘制原有图形
context.fillStyle = "#9900FF";
context.fillRect(10,10,200,200);
// 设置组合方式
context.globalCompositeOperation = arr[i];
// 设置新图形
context.beginPath();
context.fillStyle = "#FF0099";
context.arc(150,150,100,0,Math.PI*2,false);
context.fill();
}
</script>
</head>
<body onload="draw('canvas');">
<canvas id="canvas" width="400"
height="300" />
</body>
</ht/ml>
```

代码的运行效果如图 2-15 所示。

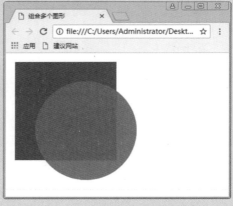

图 2-15

■ 2.4.5　使用 canvas 绘制文字

文字绘制由以下两个方法组成：

```
fillText(text,x,y,maxwidth);
trokeText(text,x,y,maxwidth);
```

两个函数的参数完全相同，必选参数包括文本参数以及用于指定文本位置的坐标参数。maxwidth 是可选参数，用于限制字体大小，它会将文本字体强制收缩到指定尺寸。此外，还有一个 measureText 函数可供使用，该函数会返回一个度量对象，其中包含了在当前 context 环境下指定文本的实际显示宽度。

为了保证文本在各浏览器下都能正常显示，canvas API 为 context 提供了类似于 CSS 的属性，以此来保证实际显示效果的高度可配置性。

使用 canvas API 进行文字绘制主要有如下几个属性。

- Font：CSS 字体字符串，用来设置字体。
- textAlin：设置文字水平对齐方式，属性值可以为 start、end、left、right、center。
- textBaeline：设置文字垂直对齐方式，属性值可以为 top、hanging、middle、alphabetic、ideographic、bottom。

对上面这些 context 属性赋值能够改变 context，而访问 context 属性可以查询到其当前值。在下列代码中，首先创建了一段使用 Impact 字体的大字号文本，然后使用已有的树皮图片作为背景进行填充。为了将文本置于 canvas 的上方并居中，定义了最大宽度和 center（居中）对齐方式。

小试身手：绘制一段文字

文字的绘制代码如下：

```
<!DOCTYPE html>
<html>
<head>
<meta charset="UTF-8">
<title>Canvas 绘制文本文字 </title>
</head>
<body>
<!-- 添加 canvas 标签，并加上红色边框以便于在页面上查看 -->
<canvas id="myCanvas" width="400px" height="300px" style="border: 1px solid red;">

您的浏览器不支持 canvas 标签。

</canvas>
<script type="text/javascript">
// 获取 Canvas 对象（画布）
var canvas = document.getElementById("myCanvas");
// 简单地检测当前浏览器是否支持 Canvas 对象，以免在一些不支持 html5 的浏览器中提示语
法错误
if(canvas.getContext){
// 获取对应的 CanvasRenderingContext2D 对象（画笔）
var ctx = canvas.getContext("2d");
// 设置字体样式
ctx.font = "30px Courier New";
// 设置字体填充颜色
ctx.fillStyle = "blue";
// 从坐标点 (50,50) 开始绘制文字
ctx.fillText(" 绘制文字 ", 50, 50);
}
</script>
```

```
  </body>
  </html>
```
代码的运行效果如图 2-16 所示。

图 2-16

2.5 课堂练习

课堂练习给大家准备了一个时钟的绘制方法，应用代码时的情况如图 2-17 所示。

2-17

图 2-17 显示效果的代码如下：

```
<!DOCTYPE html>
<html lang="en">
```

```
<head>
  <meta charset="UTF-8">
  <title> 时钟 </title>
  <style>
    body {
      padding: 0;
      margin: 0;
      background-color: rgba(0, 0, 0, 0.1)
    }
    canvas {
      display: block;
      margin: 200px auto;
    }
  </style>
</head>
<body>
<canvas id="solar" width="300"
height="300"></canvas>
<script>
  init();
```

```
function init(){
    let canvas = document.
querySelector("#solar");
    let ctx = canvas.getContext("2d");
    draw(ctx);
}
function draw(ctx){
    requestAnimationFrame(function step()
{

        drawDial(ctx); // 绘制表盘
        drawAllHands(ctx); // 绘制时分秒针
        requestAnimationFrame(step);
    });
}
/* 绘制时分秒针 */
function drawAllHands(ctx){
    let time = new Date();
    let s = time.getSeconds();
    let m = time.getMinutes();
    let h = time.getHours();
    let pi = Math.PI;
    let secondAngle = pi / 180 * 6 * s; // 计
算出来 s 针的弧度
        let minuteAngle = pi / 180 * 6 * m +
secondAngle / 60; // 计算出来分针的弧度
        let hourAngle = pi / 180 * 30 * h +
minuteAngle / 12; // 计算出来时针的弧度
    drawHand(hourAngle, 60, 6, "#FF0099",
ctx); // 绘制时针
        drawHand(minuteAngle, 106, 4,
"orange", ctx); // 绘制分针
        drawHand(secondAngle, 129, 2,
"green", ctx); // 绘制秒针
    }
    /* 绘制时针、或分针、或秒针
    * 参数 1：要绘制的针的角度
    * 参数 2：要绘制的针的长度
    * 参数 3：要绘制的针的宽度
    * 参数 4：要绘制的针的颜色
    * 参数 5：ctx
    * */
    function drawHand(angle, len, width,
color, ctx){
    ctx.save();
        ctx.translate(150, 150); // 把坐标轴的
```

```
远点平移到原来的中心
        ctx.rotate(-Math.PI / 2 + angle); // 旋
转坐标轴。x 轴就是针的角度
    ctx.beginPath();
    ctx.moveTo(-4, 0);
    ctx.lineTo(len, 0); // 沿着 x 轴绘制针
    ctx.lineWidth = width;
    ctx.strokeStyle = color;
    ctx.lineCap = "round";
    ctx.stroke();
    ctx.closePath();
    ctx.restore();
    }
    /* 绘制表盘 */
    function drawDial(ctx){
    let pi = Math.PI;
     ctx.clearRect(0, 0, 300, 300); // 清除所
有内容
    ctx.save();
     ctx.translate(150, 150); // 一定坐标原
点到原来的中心
    ctx.beginPath();
    ctx.arc(0, 0, 148, 0, 2 * pi); // 绘制圆周
    ctx.stroke();
    ctx.closePath();
    for (let i = 0; i < 60; i++){// 绘制刻度
        ctx.save();
         ctx.rotate(-pi / 2 + i * pi / 30); // 旋
转坐标轴。坐标轴 x 的正方形从 向上开
始算起
        ctx.beginPath();
        ctx.moveTo(110, 0);
        ctx.lineTo(140, 0);
        ctx.lineWidth = i % 5 ? 2 : 4;
            ctx.strokeStyle = i % 5 ? "blue" :
"red";
        ctx.stroke();
        ctx.closePath();
        ctx.restore();
    }
    ctx.restore();
    }
</script>
</body>
</html>
```

强化训练

　　学习完本章后，大家对 canvas 的应用有了一定的了解，现在来做一个练习，一个经典的游戏——贪吃蛇。

　　如图 2-18 所示是制作完成的效果。

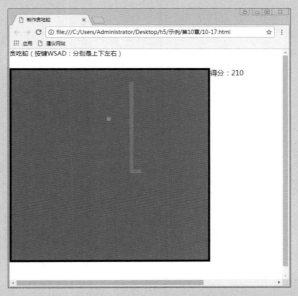

图 2-18

操作提示：

```
<!DOCTYPE HTML>
<html>
<head>
<meta http-equiv="Content-Type" content="text/html; charset=utf-8">
<title> 制作贪吃蛇 </title>
<style type="text/css">
body{
    margin:0 auto;
    background:#green;
    width:960px;
    height:800px;
}
nav{
    width:960px;
    height:50px;
    float:left;
}
canvas {
```

```
        border: thick solid #000000;
        width:500px;
        height:500px;
        float:left;
    }
    #score{
        width:100px;
        height:500px;
        font-size:18px;
        font-weight:green;
        float:left;
    }
    #score span{
        color:#fffff;
    }
    </style>
    </head>
    <body>
    <nav>
        贪吃蛇（按键 WSAD：分别是上下左右）
    </nav>
    <canvas id="canvas" width="500" height="500">
    </canvas>

    <div id="score">
        得分：<span>0</span>
    </div>
    </body>
    </html>
```

本章结束语

　　本章主要学习了利用 canvas API 进行绘图的方法，包括路径、矩形、描边、文本阴影和小苏等。通过本章的学习，要求读者能对 canvas 的绘图功能有一个全面的认识，并且能够利用 canvas 绘制出想要的图形和图案效果。

CHAPTER 03
制作新型的表单

本章概述 SUMMARY

表单是 HTML5 的最大改进之一，HTML5 表单大大改进了表单的功能和语义化。对于 web 全段开发者而言，HTML5 表单大大提高了工作效率。本章将讲解 HTML5 中表单的应用。

■ 学习目标
了解表单应用于何处。
掌握新增的表单元素、可以使用的属性及使用方法。
学会新增的表单输入型控件的使用方法。

■ 课时安排
理论知识 1 课时。
上机练习 2 课时。

知识导图：

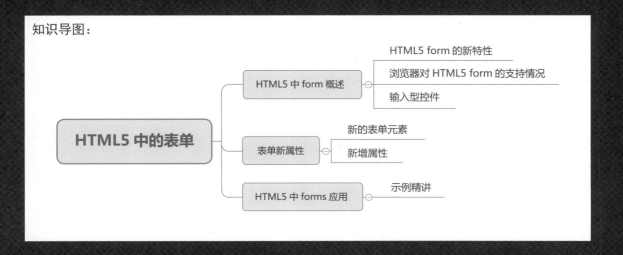

3.1 新的表单元素

在 HTML5 Form 中，添加了一些新的表单元素，这些元素能够更好地帮助完成开发工作，同时也能更好地满足客户的需求，下面就来一起学习这些新的表单元素。

本节介绍的表单元素包括：datalist、keygen、Output

■ 3.1.1 datalist 元素

<datalist> 标签定义选项列表。请与 input 元素配合使用该元素，来定义 input 可能的值。

datalist 及其选项不会被显示出来，它仅仅是合法地输入值列表。

请使用 input 元素的 list 属性来绑定 datalist。

小试身手：新型表单元素 datalist 的使用

<datalist> 元素使用代码如下：

```
<input list="cars" />
<datalist id="cars">
<option value="BMW">
<option value="Ford">
<option value="Volvo">
</datalist>
```

代码的运行效果如图 3-1 所示。

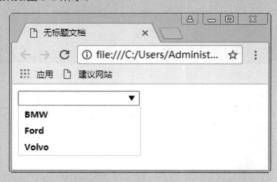

图 3-1

■ 3.1.2 keygen 元素

<keygen> 标签规定用于表单的密钥生成器字段。

当提交表单时，私钥存储在本地，公钥发送到服务器。

小试身手：表单的密钥生成器字段

keygen 元素使用代码如下：

```
<!DOCTYPE html>
```

```
<html lang="en">
<head>
<meta charset="UTF-8">
<title> keygen 元素 </title>
</head>
<body>
<form action="demo_keygen.asp" method="get">
Username: <input type="text" name="usr_name" />
Encryption: <keygen name="security" />
<input type="submit" />
</form>
</body>
</html>
```

代码的运行效果如图 3-2 所示。

图 3-2

■ 3.1.3　output 元素

<output> 标签定义不同类型的输出，比如脚本的输出。

此新元素是一个不仅好用而且也好玩的东西，下面通过使用 output 元素来做出一个简易的加法计算器。

小试身手：制作一个计算器

<output> 元素的使用代码如下：

```
<!DOCTYPE html>
<html lang="en">
<head>
<meta charset="UTF-8">
<title>output 元素 </title>
</head>
<form oninput="x.value=parseInt(a.value)+parseInt(b.value)">0
<input type="range" id="a" value="50">100
+<input type="number" id="b" value="50">
=<output name="x" for="a b"></output>
</form>
</body>
</html>
```

代码的运行效果如图 3-3 所示。

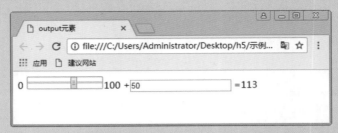

图 3-3

3.2　新的表单属性

下面看一下 HTML5 新增的特性。与新增的输入控件一样，不管目标浏览器是否支持新增的特性，都可以放心使用，这主要是因为现在大多数浏览器在不支持这些特性时，会忽略它们，而不是报错。

■ 3.2.1　form 属性

在 HTML4 中，表单内的从属元素必须书写在表单内部，但是在 HTML5 中，可以把它们书写在页面的任何位置，然后给元素指定一个 form 属性，属性值为该表单单位的 ID，这样就可以声明该元素从属于指定表单了。

小试身手：提交表单的制作

提交表单的代码如下：

```
<form action="" id="myForm">
<input type="text" name="">
</form>
<input type="submit" form="myForm" value=" 提交 ">
```

代码的运行效果如图 3-4 所示。

图 3-4

在上面的案例中，提交表单并没有写在 <form> 表单元素内部，如果是之前的 HTML 版本，那么这个提交按钮在页面中只是个可以看但是却没有用的按钮；但是在 HTML5 中为它加入了 form 属性，使得它即便没有写在 <form> 表单中，也依然可以执行自己的提交动作，这样带来的好处是大大方便了在写页面布局时所需要考虑的页面结构是否合理。

■ 3.2.2　formaction 属性

在 HTML4 中，一个表单内的所有元素都只能通过表单的 action 属性统一提交到另一个页面，而在 HTML5 中，可以给所有的提交按钮，如 <input type="submit" />、<input type="image" src="" /> 和 <button type="submit"></button> 都增加不同的 formaction 属性，使得点击不同的按钮，可以将表单中的内容提交到不同的页面。

代码示例如下：

```
<form action="" id="myform">
<input type="text" name="">
<input type="submit" value="" formaction="a.php">
<input type="image" src="16t.png" formaction="b.php">
<button type="submit" formaction="c.php"></button>
</form>
```

除了 formaction 属性之外，还有 formenctype、formmethod 和 formtarget 等属性也可以重载 form 元素的 enctype、method 和 target 等属性。

■ 3.2.3　placeholder 属性

Placeholder 也就是输入占位符，是出现在输入框中的提示文本，当用户点击输入栏时，它就会自动消失。一般来说，placeholder 属性都是用于提示用户在文本框内应该输入的内容或者是规则。如果浏览器不支持此属性的话就会被自动忽略，显示浏览器默认的状态。当输入框中有值或者获得焦点时，不显示 placeholder 的值。

其使用方法也是非常简单的，只要在 input 输入类型中加入 placeholder 属性，然后指定提示文字即可。

小试身手：占位符的使用方法

输入占位符的代码如下：

```
<input type="text" name="username" placeholder=" 请输入用户名 "/>
```

代码的运行效果如图 3-5 所示。

图 3-5

■ 3.2.4 list 属性

在 HTML5 中，为单行文本框增加了 list 属性，该属性的值为某个 datalist 元素的 id。
Datalist 元素也是 HTML5 中的新增元素，该元素类似于选择框，但是当用户想要设置的
值不在选择列表之内时，允许其自行输入。

小试身手：list 属性的用法

list 属性的用法代码如下：

```
<input list="cars" />
<datalist id="cars">
<option value="BMW">
<option value="Ford">
<option value="Volvo">
</datalist>
```

代码的运行效果如图 3-6 所示。

图 3-6

■ 3.2.5 min 和 max 属性

min 与 max 这两个属性是数值类型或日期类型的 input 元素的专用属性，它们限制了
在 input 元素中输入的数字与日期的范围。

小试身手：设置输入值的范围

min 和 max 属性代码如下：

```
<input type="number" min="0" max="100" />
```

代码运行效果如图 3-7 所示。

图 3-7

3.2.6 novalidate 属性

新版本的浏览器会在提交时对 E-mail、number 等语义 input 做验证，有的会显示验证失败信息，有的则不提示失败信息，只是不提交。因此，为 input、button 和 form 等增加 novalidate 属性，则只提交表，而进行的有关检查会被取消，表单将无条件提交。

小试身手：novalidate 属性的用法

novalidate 属性用法的代码如下：

```
<form action="novalidate" >
<input type="text">
<input type="email">
<input type="number">
<input type="submit" value="">
</form>
```

代码的运行效果如图 3-8 所示。

图 3-8

3.2.7 multiple 属性

multiple 属性允许在输入域中选择多个值。通常适用于 file 类型。

小试身手：同时选择多个文件的方法

multiple 的使用代码示例如下。

```
<input type="file" multiple />
```

代码的运行效果如图 3-9 所示。

图 3-9

上述代码 file 类型本来只能选择一个文件，但是加上 multiple 之后却可以同时选择多个文件进行上传操作。

■ 3.2.8　step 属性

step 属性控制 input 元素中的值增加或减少时的步幅。

小试身手：增加或减少时的步幅的方法

step 的应用代码示例如下：

```
<input type="number" step="4"/>
```

代码的运行效果如图 3-10 所示。

3-10

3.3　表单的输入型控件

HTML5 拥有多个新的表单输入型控件。这些新特性提供了更好的输入控制和验证。下面介绍这些新的表单输入型控件。

■ 3.3.1　Input 类型 E-mail

E-mail 类型用于应该包含 E-mail 地址的输入域。

在提交表单时，会自动验证 E-mail 域的值。

小试身手：提交到邮箱的方法

E-mail 地址的输入域示例代码如下：

```
E-mail: <input type="email" name="email_url" />
```

代码的运行效果如图 3-11 所示。

图 3-11

■ 3.3.2 Input 类型 url

url 类型用于应该包含 url 地址的输入域。

当添加此属性后，在提交表单时，表单会自动验证 url 域的值。

代码示例如下：

```
Home-page: <input type="url" name="user_url" />
```

> 知识拓展
>
> iPhone 中的 Safari 浏览器支持 url 输入类型，并通过改变触摸屏键盘来配合它（添加 .com 选项）。

■ 3.3.3 Input 类型 number

number 类型用于应该包含数值的输入域。并且能够设定对所接受的数字的限定。

代码示例如下：

```
points: <input type="number" name="points" max="10" min="1" />
```

请使用下面的属性来规定对数字类型的限定：

- Max：number 规定允许的最大值。
- Min：number 规定允许的最小值。
- Step：number 规定合法的数字间隔（如果 step="3"，则合法的数是 -3,0,3,6 等）。
- Valu：number 规定默认值。

iPhone 中的 Safari 浏览器支持 number 输入类型，并通过改变触摸屏键盘来配合它（显示数字）。

3.3.4　Input 类型 range

range 类型用于应该包含一定范围内数字值的输入域。

range 类型在页面中显示为可移动的滑动条。

小试身手：设定对所接受的数字的限定

代码示例如下：

```
<input name="range" type="range" value="20" min="2" max="100" step="5" />
```

请使用下面的属性来规定对数字类型的限定：

Max：number 规定允许的最大值。

Min：number 规定允许的最小值。

Step：number 规定合法的数字间隔（如果 step="3"，则合法的数是 -3,0,3,6 等）。

Value：number 规定默认值。

代码的运行效果如图 3-12 所示。

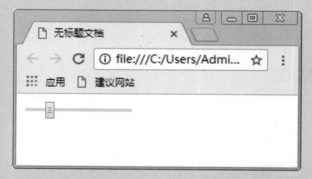

图 3-12

3.3.5　Input 类型 Date Pickers

HTML5 拥有多个可供选取日期和时间的新输入类型：

- Date：选取日、月、年。
- Month：选取月、年。
- Week：选取周和年。
- Time：选取时间（小时和分钟）。
- Datetime：选取时间、日、月、年（UTC 时间）。
- Datetime-local：选取时间、日、月、年（本地时间）。

小试身手：从日历中选取一个日期

一个出生日期的示例代码如下：

```
<!DOCTYPE html>
<html lang="en">
<head>
<meta charset="UTF-8">
<title>date&time 输入类型 </title>
</head>
<body>
```

出生日期：

```
<input name="date1" type="date" value="2017-11-31"/>
```

出生时间：

```
<input name="time1" type="time" value="10:00"/>
</body>
</html>
```

代码的运行效果如图 3-13 所示。

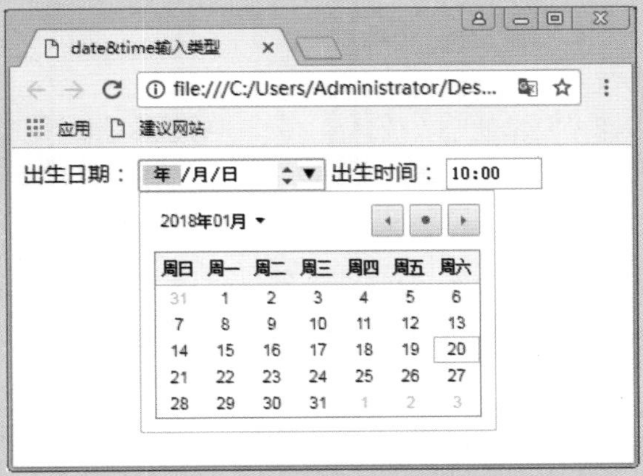

图 3-13

3.3.6 Input 类型 color

color 类型用于颜色，可以让用户在浏览器当中直接使用拾色器找到想要的颜色。color 域会在页面中生成一个允许用户选取颜色的拾色器。

小试身手：制作一个拾色器

选择颜色的代码示例如下：

```
color: <input type="color" name="color_type"/>
```

代码的运行效果如图 3-14 所示。

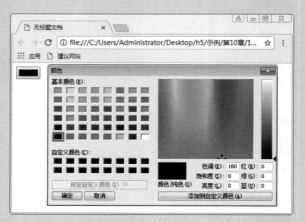

图 3-14

3.4 制作一个表单

用户注册页面是所有论坛、SNS 社区等都会用到的一个界面，作为注册页面，通常有以下几个元素。

- 用户名：作为登录使用。
- 密码：登录时使用。
- 邮箱：电话以及其他个人信息等。

在对注册表单进行提交操作时通常都会对用户名、密码和邮箱等信息进行验证，一来是为了防止非法字符进入数据库，二来也可以很及时地在页面上报出异常，避免用户多次操作。

下面来做一个常见的注册表单，来巩固本章所学习的 form 及其新增属性等，以进一步加强对 HTML5 表单的使用。

小试身手：制作一个注册型表单

注册型表单的代码实例如下：

```
<!DOCTYPE html>
<html lang="en">
<head>
<meta charset="UTF-8">
<title>HTML5 Forms</title>
<style>
*{margin:0;padding:0;}
h1{
text-align: center;
background:#ccc;
}
form{
/* text-align:center; */
}
div{
padding:10px;
padding-left:50px;
}
.prompt_word{
color:#aaa;
}
</style>
</head>
<body>
<h1> 用户注册表 </h1>
<form id="userForm" action="#"
```

```
method="post" oninput="x.value=userAge.value">
<div>
用户名：<input type="text" name="username" required pattern="[0-9a-zA-z]{6,12}" placeholder="
请输入用户名 ">
<span class="prompt_word"> 用户名必须由 6-12 位英文字母或者数字组成 </span>
</div>
<div>
密码：<input type="password" name="pwd2" id="pwd1" required placeholder=" 请 输 入 密 码 "
pattern="[a-zA-Z][a-zA-Z0-9]{10,20}" />
<span class="prompt_word"> 密码必须由英文字母开头和数字组成的 10-20 位字符组成 </span>
</div>
<div>
确认密码：<input type="password" name="pwd2" id="pwd2" required placeholder=" 请再次输入
密码 " pattern="[a-zA-Z][a-zA-Z0-9]{10,20}" />
<span class="prompt_word"> 两次密码必须一致 </span>
</div>
<div>
姓名：<input type="text" placeholder=" 请输入您的姓名 " />
</div>
<div>
生日：<input type="date" id="userDate" name="userDate">
</div>
<div>
主页：<input type="url" name="userUrl" id="userUrl">
</div>
<div>
邮箱：<input type="email" name="userEmail" id="userEmail">
</div>
<div>
年龄：<input type="range" id="userAge" name="userAge" min="1" max="120" step="1" />
<output for="userAge" name="x"></output>
</div>
<div>
性别：<input type="radio" name="sex" value="man" checked> 男 <input type="radio" name="sex"
value="woman"> 女
</div>
<div>
头像：<input type="file" multiple>
</div>
<div>
学历：<input type="text" list="userEducation">
<datalist id="userEducation">
<option value=" 初中 "> 初中 </option>
<option value=" 高中 "> 高中 </option>
<option value=" 本科 "> 本科 </option>
<option value=" 硕士 "> 硕士 </option>
<option value=" 博士 "> 博士 </option>
```

```
<option value=" 博士后 "> 博士后 </option>
</datalist>
</div>
<div>
个 人 简 介：<textarea name="userSign" id="userSign"
cols="40" rows="5"></textarea>
</div>
<div>
<input type="checkbox" name="agree" id="agree"><label
for="agree"> 我同意注册协议 </label>
</div>
</form>
<div>
<input type="submit" value=" 确认提交 " form="userForm"
/>
</div>
</body>
</html>
```

代码的运行效果如图 3-15 所示。

图 3-15

3.5 课堂练习

完成如图 3-16 所示的一个表单。

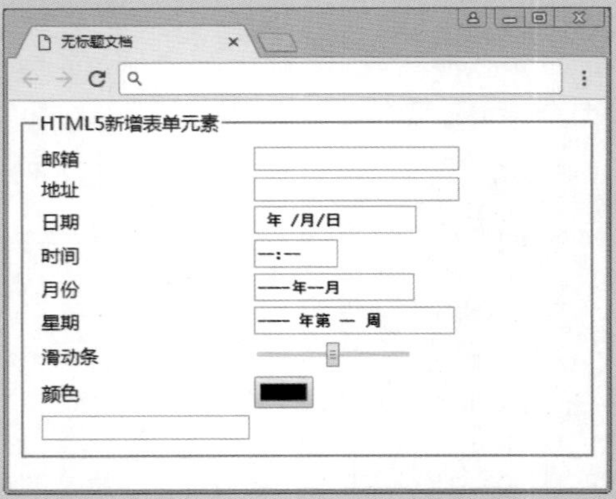

图 3-16

从图 3-16 可以看出，包括了本节所讲的部分重要知识点，图 3-16 效果的代码如下：

```
<!doctype html>
<html>
<head>
<meta charset="utf-8">
```

```
<title> 无标题文档 </title>
</head>
<body>
<form action="Test.html" method="get">
  <fieldset>
    <legend>HTML5 新增表单元素 </legend>
    <table>
      <tr>
        <td> 邮箱 </td>
        <td><input type="email" name="email"></td>
      </tr>
      <tr>
        <td> 地址 </td>
        <td><input type="url" name="url"></td>
      </tr>
      <tr>
        <td> 日期 </td>
        <td><input type="date" name="data"></td>
      </tr>
      <tr>
        <td> 时间 </td>
        <td><input type="time" name="time"></td>
      </tr>
      <tr>
        <td> 月份 </td>
        <td><input type="month" name="month"></td>
      </tr>
      <tr>
        <td> 星期 </td>
        <td><input type="week" name="week"></td>
      </tr>
      <tr>
        <td> 滑动条 </td>
        <td><input type="range" name="range"></td>
      </tr>
      <tr>
        <td> 颜色 </td>
        <td><input type="color" name="color"></td>
      </tr>
      <tr>
        <td><input type=" 提交 "></td>
      </tr>
    </table>
  </fieldset>
</form>
</body>
</html>
```

强化训练

新型的表单打破了以往表单的老气样式，可以利用 HTML5 中新增的表单知识制作出很多好看而且新颖的注册性表单。

请根据图 3-17 所示的表单，制作出类似或者相同的表单。

图 3-17

操作提示：

此表单的关键性代码如下：

```html
<fieldset>
<ol>
<li><label for=username> 用户昵称：</label><input id=username name=username
autofocus required>
<li><label for=uemail>Email：</label><input id=uemail type=email name=uemail
required placeholder="example@domain.com">
<li><label for=age>工作年龄：</label><input id=age type=range  name=range1 max="60"
min="18"><output onforminput="value=range1.value">30</output>
<li><label for=age2> 年龄 :</label><input id=age2 type=number required
placeholder="your age">
<li><label for=birthday> 出生日期：</label><input id=birthday type=date>
<datalist id=searchlist>
<option label="Google" value="http://www.google.com" />
<option label="Baidu" value="http://www.baidu.com" />
</datalist></li>
</ol>
</fieldset>
```

以上提示代码是 HTML 的部分。

本章结束语

本章首先介绍了 HTML5 Forms 的新特性，接着讲解了各大浏览器对 HTML5 Forms 的支持情况，然后对新的输入型控件、表单元素和表单属性做了详细介绍，最后通过一个实例巩固对 HTML5 Forms 的使用。

通过本章的学习，体会到 HTML5 表单的强大功能和便利性。通过对表单这些新的输入类型和特性的实践，强化了对表单的应用。

CHAPTER 04
地理位置请求

本章概述 SUMMARY

地理信息定位在被广泛地应用在当今的科研、侦查和安全等领域。在 HTML5 当中，使用 Geolocation API 和 position 对象，可以获取用户当前的地理位置，同时也可以将用户当前所在的地理位置信息在地图上标注出来。本章学习有关地理位置信息处理的相关内容。

■ 学习目标
掌握 Geolocation 属性的使用方法。
了解浏览器对 Geolocation 的支持情况。
学会在页面上使用地图的基本方法。

■ 课时安排
理论知识 1 课时。
上机练习 2 课时。

知识导图：

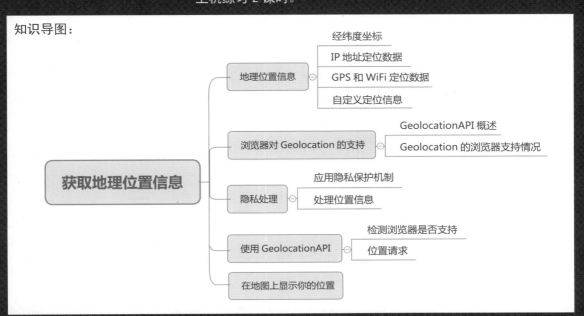

4.1 关于地理位置信息

HTML5 怎样获取地理信息，如 HTML5 怎样获取 ip 地址、怎样实现 GPS 导航定位、Wi-Fi 基站的 mac 地址服务等，这些在 HTML5 中都已经由 API 实现了，用户可以轻松使用 HTML5 技术进行操作。下面详细介绍如何使用 HTML5 操作地理信息。

4.1.1 经度和纬度坐标

经纬度是经度与纬度的结合组成一个坐标系统，称为地理坐标系统，它是一种利用三度空间的球面来定义地球上的空间的球面坐标系统，能够标示地球上的任何一个位置。

纬线和经线一样是人类为度量方便而假设出来的辅助线，定义为地球表面某点随地球自转所形成的轨迹。任何一根纬线都是圆形且两两平行的。纬线的长度是赤道的周长乘以纬线的纬度的余弦，因此赤道最长，离赤道越远的纬线，周长就越短，到了两极便缩为 0。从赤道向北和向南各分 90°，称为北纬和南纬，分别用"N"和"S"表示。

经线也称子午线，和纬线一样是人类为度量方便而假设出来的辅助线，定义为地球表面连接南北两极的大圆线上的半圆弧。任意两根经线的长度相等，相交于南北两极点。每一根经线都有其相对应的数值，称为经度。经线指示南北方向。

子午线命名的由来："某一天体视运动轨迹中，同一子午线上的各点与该天体在上中天（午）与下中天（子）出现的时刻相同。"不同的经线具有不同的地方时。偏东的地方时要比较早，偏西的地方时要迟。

4.1.2 IP 地址定位数据

IP 地址被用来给 Internet 上的电脑分配一个编号。每台联网的 PC 上都需要有 IP 地址，才能正常通信。可以把"个人电脑"比作"一台电话"，那么"IP 地址"就相当于"电话号码"，而 Internet 中的路由器，就相当于电信局的"程控式交换机"。

IP 地址是一个 32 位的二进制数，通常被分割为 4 个"8 位二进制数"（也就是 4 个字节）。IP 地址通常用"点分十进制"表示成（a.b.c.d）的形式，其中，a,b,c,d 都是 0~255 之间的十进制整数。例：点分十进 IP 地址（100.4.5.6），实际上是 32 位二进制数（01100100.00000100.00000101.00000110）。

4.1.3 GPS 和 Wi-Fi 地理定位数据

GPS 是英文 Global Positioning System（全球定位系统）的简称。GPS 诞生于 1958 年美国军方的一个项目，1964 年投入使用。利用该系统，用户可以在全球方位内实现全天候、连续和实时的三围导航定位和测速。另外，利用该系统，用户还可以进行高精度的事件传递和高精度的精密定位。

与 IP 地址定位不同的是，使用 GPS 可以非常精确的定位数据，但是它也有一个非常致命的缺点，就是它的定位事件可能比较长，这一缺点使得它不适合需要快速定位响应数据的应用程序。

Wi-Fi 是一种允许电子设备连接到一个无线局域网（WLAN）的技术，通常使用 2.4G

UHF 或 5G SHF ISM 射频频段。连接到无线局域网通常是有密码保护的，但也可以是开放的，这样就允许任何在 WLAN 范围内的设备都可以连接上。Wi-Fi 是一个无线网络通信技术的品牌，由 Wi-Fi 联盟所持有。目的是改善基于 IEEE 802.11 标准的无线网路产品之间的互通性。有人把使用 IEEE 802.11 系列协议的局域网称为无线保真。甚至把 Wi-Fi 等同于无线网际网路（Wi-Fi 是 WLAN 的重要组成部分）。

基于 Wi-Fi 的定力定位数据具有定位准确，可以在室内使用，以及简单、快速定位等优点，但是如果在乡村这些无线接入点比较少的地区，其定位效果就不是很好。

■ 4.1.4 用户自定义的地理定位

除了前面讲解的几个地理定位方式之外，还可以通过用户自定义的方法来实现地理定位数据。例如，应用程序允许用户输入自己的地址、联系电话和邮件地址等一些详细信息，应用程序可以利用这些信息来提供位置感知服务。

当然，由于各种限制，用户自定义的地理定位数据可能存在不准确的，特别是在用户的当前位置改编后。但是用户自定义地理定位的方式还是有很多优点的，具体表现为以下两个方面：能够允许地理定位服务的结果作为备用位置信息；用户自行输入可能会比检测更快。

4.2 浏览器对 Geolocation 的支持

各个浏览器之间对 HTML5 Geolocation 的支持情况是不一样的，并处于不断更新中。本节将对 HTML5 Geolocation API 进行介绍，讲解各个浏览器之间对 HTML5 Geolocation API 的支持情况。

■ 4.2.1 GeolocationAPI 概述

HTML5 中的 GPS 定位功能主要用的是 getCurrentPosition，该方法封装在 navigator.geolocation 属性里，是 navigator.geolocation 对象的方法。

使用 getCurrentPosition 方法可以获取用户当前的地理位置信息的语法描述，如下所示。

getCurrentPosition(successCallback,errorCallback,positionOptions);

（1）successCallback 函数

表示调用 getCurrentPosition 函数成功以后的回调函数，该函数带有一个参数，对象字面量格式，表示获取到的用户位置数据。该对象包含两个属性——coords 和 timestamp。其中 coords 属性包含以下 7 个值：

- accuracy：精确度。
- latitude：纬度。
- longitude：经度。
- altitude：海拔。
- altitudeAcuracy：海拔高度的精确度。
- heading：朝向。

- speed：速度。

（2） errorCallback 函数

和 successCallback 函数一样带有一个参数，对象字面量格式表示返回的错误代码。它包含以下两个属性：

- message：错误信息。
- code：错误代码。

其中错误代码包括以下 4 个值：

- unknow_error：表示不包括在其他错误代码中的错误，这里可以在 message 中查找错误信息。
- permission_denied：表示用户拒绝浏览器获取位置信息的请求。
- position_unavaliable：表示网络不可用或者连接不到卫星。
- timeout：表示获取超时。必须在 options 中指定了 timeout 值时才有可能发生这种错误。

（3） positionOptions 函数

positionOptions 的数据格式为 JSON，有 3 个可选属性：

- enableHighAcuracy 布尔值：表示是否启用高精确度模式，如果启用这种模式，浏览器在获取位置信息时可能需要耗费更多的时间。
- timeout 整数：表示浏览需要在指定的时间内获取位置信息，否则触发 errorCallback。
- maximumAge 整数 / 常量：表示浏览器重新获取位置信息的时间间隔。

小试身手：使用 getCurrentPosition 方法来获取当前位置信息

```
<!DOCTYPE HTML>
<head>
<script type="text/javascript">
function showLocation(position) {
var latitude = position.coords.latitude;
var longitude = position.coords.longitude;
alert("Latitude : " + latitude + " Longitude: " + longitude);
}
function errorHandler(err) {
if(err.code == 1) {
alert("Error: Access is denied!");
}else if( err.code == 2) {
alert("Error: Position is unavailable!");
}
}
function getLocation(){
if(navigator.geolocation){
// timeout at 60000 milliseconds (60 seconds)
var options = {timeout:60000};
navigator.geolocation.getCurrentPosition(showLocation, errorHandler, options);
}else{
```

```
alert("Sorry, browser does not support geolocation!");
}
}
</script>
</head>
<body>
<form>
<input type="button" onclick="getLocation();" value="Get Location"/>
</form>
</body>
</html>
```

代码的运行效果如图 4-1 所示。

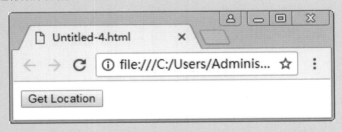

图 4-1

点击按钮出现的地理位置如图 4-2 所示。

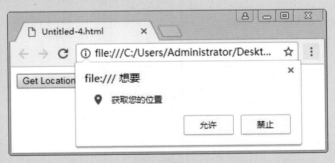

图 4-2

知识拓展

　　除了 getCurrentPosition 方法可以定位用户的地理位置信息之外，还有
另外两种方法。
　　第一种：watchCurrentPosition 方法
　　该方法用于定期自动地获取用户的当前地理位置信息，该方法的定义
如下。
　　watchCurrentPosition(successCallback,errorCallback,positionOptions);
　　该方法返回一个数字，这个数字的使用方法与 javascript 中 setInterval
方法的返回参数的使用方法类似。该方法也有 3 个参数，这 3 个参数的使

知识拓展

用方法与 getCurrentPosition 方法中的参数说明与使用方法相同，在此不再赘述。

第二种：clearWatch 方法

该方法用于停止对当前用户地理位置信息的监视，该方法的定义如下所示。

clearWatch(watchId);

该方法的参数 watchid 是调用 watchPosition 方法监视地理位置信息时的返回参数。

4.2.2　Geolocation 的浏览器支持情况

目前的互联网运行着各式各样的浏览器，在此只对五大浏览器厂商的支持情况进行分析。其他的浏览器，例如国内的浏览器厂商，由于多数都是使用无浏览器厂商的内核，所以不对其做过多的分析与比较。

支持 HTML5 Geolocation 的浏览器有以下几种：

- Firefox 浏览器。Firefox3.5 及以上版本支持 HTML5 Geolocation。
- IE 浏览器。在该浏览器中，通过 Gears 插件支持 HTML5 Geolocation。
- Opera 浏览器。Opera10.0 版本及以上版本支持 HTML5 Geolocation。
- Safrai 浏览器。在 Safrai4 以及 iPhone 中支持 HTML5 Geolocation。

4.3　隐私处理

HTML5 Geolocation 规范提供了一套保护用户隐私的机制。在没有用户明确许可的情况下，不可以获取用户的地理位置信息。

4.3.1　应用隐私保护机制

在用户允许的情况下，其他用户可以获取用户的地理位置信息。例如，用户在一家商店买衣服，如果应用程序可以让他们得知该商店附近有一家服装店正在打折，那么用户就会觉得共享他们的位置信息是有用的。

在访问 HTML5 Geolocation API 的页面时，会触发隐私保护机制。例如，在 Firefox 浏览器中执行 HTML5 Geolocation 代码时就会触发这一隐私保护机制。当执行代码时，网页中将会弹出一个是否确认分享用户方位信息的对话框，只有当用户点击"共享位置信息"按钮时，才会获取用户的位置信息。

4.3.2　处理位置信息

用户的信息通常属于敏感信息，因此在接收到之后，必须小心地进行处理和存储。如果用户没有授权存储这些信息，那么应用程序在得到这些信息之后应立即删除。

在手机定位地理数据时，应用程序应着重提示用户以下几个方面的内容。

- 掌握收集位置数据的方法。
- 了解收集位置数据的原因。
- 知道位置信息能够保存多久。
- 保证用户位置信息的安全。
- 掌握位置数据共享的方法。

4.4　使用 Geolocation API

Geolocation API 用于将用户当前位置信息共享给信任的站点，这涉及用户的隐私安全问题，所以当一个站点需要获取用户的当前位置时，浏览器会提示"允许"或者"拒绝"。本节将详细讲解 Geolocation API 的使用方法。

4.4.1　检测浏览器是否支持

在做开发之前需要知道浏览器是否支持所要完成的工作，以便提前准备一些替代方案。

小试身手：检测浏览器是否支持 Geolocation API

```html
<!DOCTYPE html>
<html lang="en">
<head>
<meta charset="UTF-8">
<title>Document</title>
<script>
window.onload = function(){
show();
function show(){
if(navigator.geolocation){
document.getElementById("text").innerHTML = " 您的浏览器支持 HTML5Geolocation！ ";
}else{
document.getElementById("text").innerHTML = " 您的浏览器不支持 HTML5Geolocation！ ";
}
}
}
</script>
</head>
<body>
<h1 id="text"></h1>
</body>
</html>
```

只需要一个函数即可检测到浏览器是否支持 HTML5 Geolocation。代码的运行效果如图 4-3 所示。

图 4-3

■ 4.4.2 位置请求

定位功能（Geolocation）是 HTML5 的新特性，因此只有在支持 HTML5 的现代浏览器上运行，特别是手持设备如 iPhone，地理定位才能更加精确。首先要检测用户设备浏览器是否支持地理定位，如果支持则获取地理信息。注意这个特性可能侵犯用户的隐私，除非用户同意，否则用户位置信息是不可用的，所以在访问该应用时会提示是否允许地理定位，选择允许即可。

Js 代码：
```
function getLocation(){
if (navigator.geolocation){
navigator.geolocation.getCurrentPosition(showPosition,showError);
}else{
alert(" 浏览器不支持地理定位。");
}
}
```
从上面的代码可以知道，如果用户设备支持地理定位，则运行 getCurrentPosition() 方法。如果 getCurrentPosition() 运行成功，则向参数 showPosition 中规定的函数返回一个 coordinates 对象，getCurrentPosition() 方法的第二个参数 showError 用于处理错误，它规定当获取用户位置失败时运行的函数。

先来看函数 showError()，它规定获取用户地理位置失败时的一些错误代码处理方式：

Js 代码：
```
function showError(error){
switch(error.code) {
case error.PERMISSION_DENIED:
alert(" 定位失败，用户拒绝请求地理定位 ");
break;
case error.POSITION_UNAVAILABLE:
alert(" 定位失败，位置信息不可用 ");
break;
case error.TIMEOUT:
alert(" 定位失败，请求获取用户位置超时 ");
break;
case error.UNKNOWN_ERROR:
alert(" 定位失败，定位系统失效 ");
break;
}
```

```
}
```

再来看函数 showPosition(), 调用 coords 的 latitude 和 longitude，即可获取用户的纬度和经度。

Js 代码：

```
function showPosition(position){
var lat = position.coords.latitude; // 纬度
var lag = position.coords.longitude; // 经度
alert(' 纬度 :'+lat+', 经度 :'+lag);
}
```

利用百度地图和谷歌地图接口获取用户地址。

了解了 HTML5 的 Geolocation 可以获取用户的经纬度，现在要做的是把抽象的经纬度转成可读的有意义的真正的用户地理位置信息。幸运的是，百度地图和谷歌地图等提供了这方面的接口，只需要将 HTML5 获取到的经纬度信息传给地图接口，则会返回用户所在的地理位置，包括省、市、区信息，甚至有街道、门牌号等详细的地理位置信息。

首先在页面定义要展示地理位置的 div，分别定义 id#baidu_geo 和 id#google_geo，只需修改关键函数 showPosition()。先来看百度地图接口交互，将经纬度信息通过 Ajax 方式发送给百度地图接口，接口会返回相应的省、市、区、街道信息。百度地图接口返回的是一串 JSON 数据，可以根据需求将需要的信息展示给 div#baidu_geo。注意这里用到了 jQuery 库，需要先加载 jQuery 库文件。

Js 代码：

```
function showPosition(position){
var latlon = position.coords.latitude+','+position.coords.longitude;
//baidu
var url =
"http://api.map.baidu.com/geocoder/v2/?ak=C93b5178d7a8ebdb830b9b557abce78b&callback=re
nderReverse&location="+latlon+"&output=json&pois=0";
$.ajax({
type: "GET",
dataType: "jsonp",
url: url,
beforeSend: function(){
$("#baidu_geo").html(' 正在定位 ...');
},
success: function (json) {
if(json.status==0){
$("#baidu_geo").html(json.result.formatted_address);
}
},
error: function (XMLHttpRequest, textStatus, errorThrown) {
$("#baidu_geo").html(latlon+" 地址位置获取失败 ");
}
});
});
```

再来看谷歌地图接口交互。同样将经纬度信息通过 Ajax 方式发送给谷歌地图接口，接口会返回相应的省、市、区、街道详细信息。谷歌地图接口返回的也是一串 JSON 数据，这些 JSON 数据比百度地图接口返回的要更详细，可以根据需求将需要的信息展示给 div#google_geo。

```
Js 代码：
function showPosition(position){
var latlon = position.coords.latitude+','+position.coords.longitude;
//google
var url = 'http://maps.google.cn/maps/api/geocode/json?latlng='+latlon+'&language=CN';
$.ajax({
type: "GET",
url: url,
beforeSend: function(){
$("#google_geo").html(' 正在定位 ...');
},
success: function (json) {
if(json.status=='OK'){
var results = json.results;
$.each(results,function(index,array){
if(index==0){
$("#google_geo").html(array['formatted_address']);
}
});
}
},
error: function (XMLHttpRequest, textStatus, errorThrown) {
$("#google_geo").html(latlon+" 地址位置获取失败 ");
}
});
}
```

以上代码分别将百度地图接口和谷歌地图接口整合到函数 showPosition() 中，可以根据实际情况进行调用。

4.5　在地图上显示位置

本节讲解如何使用 Google Maps API。对于个人和网站而言，Google 的地图服务是免费的。使用 Google 地图可以轻而易举地在网站中加入地图功能。

要在 Web 页面上创建一个简单地图，开发人员需要执行以下几个步骤的操作。

首先，在 Web 页面上创建一个名为 map 的 div，并将其设置为相应的样式。

其次，将 Google Maps API 添加到项目之中。Google Maps API 将为 Web 页面加载使用到的 Map code。它还会告知 Google 用户所使用的设备是否具有一个 GPS 传感器。下面的代码片段显示了某设备如何加载一个没有 GPS 传感器的 Map code。如果设备具有 GPS

传感器，请将参数 sensor 的值从 false 修改为 true。

```
<script src="http://maps.googleapis.com/maps/api/js?sensor=false"></script>
```

在加载了 API 之后，就可以开始创建自己的地图。在 showPosition 函数中，创建一个 google.maps.LatLng 类的实例，并将其保存在名为 position 的变量之中。在该 google. maps. LatLng 类的构造函数之中，传入纬度值和经度值。下面的代码片段演示了如何创建一张地图。

```
var position = new google.maps.LatLng(latitude, longitude);
```

接下来还需要设置地图的选项。其中包括以下 3 个基本选项：

缩放 (zoom) 级别，取值范围 0~20。值为 0 的视图是从卫星角度拍摄的基本视图，20 则是最大的放大倍数。

地图的中心位置，这是一个表示地图中心点的 LatLng 变量。

地图样式，该值可以改变地图显示的方式。表 4-1 详细地列出了可选的值。读者可以自行试验不同的地图样式。

表 4-1　Google Map 的基本样式

地图样式	描述
google.maps.MapTypeId.SATELLITE	显示使用卫星照片的地图
google.maps.MapTypeId.ROAD	显示公路路线图
google.maps.MapTypeId.HYBRID	显示卫星地图和公路路线图的叠加
google.maps.MapTypeId.TERRAIN	显示公路名称和地势

下面的代码片段演示了如何设置地图选项。

```
varmyOptions = {
zoom: 18,
center: position,
mapTypeId: google.maps.MapTypeId.HYBRID
};
```

最后一个步骤是绘制地图。根据纬度和经度信息，可以将地图绘制在 getElementById 方法所取得的 div 对象上。下面是绘制地图的代码，为简洁起见，移除了错误处理代码。

代码如下。

```
<!doctype html>
<html lang="en">
<head>
<meta charset="utf-8">
<title> 地理定位 </title>
<style>
#map{
width:600px;
height:600px;
Border:2px solid red;
}
</style>
```

```
<script type="text/javascript" src="http://
maps.googleapis.com/maps/api/
js?sensor=false">
</script>
<script>
function findYou(){
if(!navigator.geolocation.getCurrentPosition
(showPosition,
noLocation, {maximumAge : 1200000,
timeout : 30000})){
document.getElementById("lat").
innerHTML=
"This browser does not support
geolocation.";
}
}
function showPosition(location){
var latitude = location.coords.latitude;
var longitude = location.coords.longitude;
var accuracy = location.coords.accuracy;
// 创建地图
var position = new google.maps.
LatLng(latitude, longitude);
// 创建地图选项
var myOptions = {
zoom: 18,
center: position,
mapTypeId: google.maps.MapTypeId.
HYBRID
};
// 显示地图
var map = new google.maps.
Map(document.getElementById("map"),
myOptions);
document.getElementById("lat").
innerHTML=
"Your latitude is " + latitude;
document.getElementById("lon").
innerHTML=
"Your longitude is " + longitude;
document.getElementById("acc").
innerHTML=
"Accurate within " + accuracy + " meters";
}
function noLocation(locationError)
{
var errorMessage = document.
getElementById("lat");
switch(locationError.code)
{
case locationError.PERMISSION_DENIED:
errorMessage.innerHTML=
"You have denied my request for your
location.";
break;
case locationError.POSITION_UNAVAILABLE:
errorMessage.innerHTML=
"Your position is not available at this time.";
break;
case locationError.TIMEOUT:
errorMessage.innerHTML=
"My request for your location took too
long.";
break;
default:
errorMessage.innerHTML=
"An unexpected error occurred.";
}
}
findYou();
</script>
</head>
<body>
<h1> 找到你啦！ </h1>
<p id="lat"> </p>
<p id="lon"> </p>
<p id="acc"> </p>
<div id="map">
</div>
</body>
</html>
```

HTML5 允许开发人员创建具有地理位置感知功能的 Web 页面。使用 navigator.geolocation 新功能，可以快速地获取用户的地理位置。例如，使用 getCurrentPosition 方法可以获得终端用户的纬度和经度。

　　跟踪用户所在的地理位置肯定会给其带来一些对隐私的担忧，因此 geolocation 技术完全取决于用户是否允许共享自己的地理位置信息。在未经用户明确许可的情况下，HTML5 不会跟踪用户的地理位置。

　　尽管 HTML5 的 Geolocation API 对于确定地理位置非常有用，但在页面中添加 Google Maps API 可以使该 geolocation 技术更贴近生活。只要数行代码，就可以将一个完整的具有交互功能的 Google 地图呈现在 Web 页面一个指定的 div 之中，还可以在地图指定的位置上设置一些图标。

4.6　课堂练习

定位自己所在的城市，如图 4-4 所示。

图 4-4

操作代码如下：

```html
<html>
<head>
  <meta http-equiv="Content-Type" content="text/html; charset=UTF-8">
  <title> 定位所在的城市 </title>
  <meta name="viewport" content="width=device-width,initial-scale=1,
  minimum-scale=1,maximum-scale=1,user-scalable=no">
  <style>
    * {margin: 0; padding: 0; border: 0;}
    body {
      position: absolute;
      width: 100%;
      height: 100%;
    }
    #geoPage, #markPage {
      position: relative;
    }
  </style>
</head>
<body>
  <!-- 通过 iframe 嵌入前端定位组件，此处没有隐藏定位组件，使用了定位组件的在定位中
  视觉特效 -->
  <iframe id="geoPage" width="100%" height="30%" frameborder=0 scrolling="no"
```

```
src="https://apis.map.qq.com/tools/geolocation?key=OB4BZ-D4W3U-B7VVO-4PJWW-6TKDJ-WPB7
7&referer=myapp&effect=zoom"></iframe>
    <script type="text/JavaScript">
    var loc;
    var isMapInit = false;
    // 监听定位组件的 message 事件
    window.addEventListener('message', function(event) {
        loc = event.data; // 接收位置信息
        console.log('location', loc);
            if(loc  && loc.module == 'geolocation') { // 定位成功，防止其他应用也会向该页面 post
信息，需判断 module 是否为 'geolocation'
            var markUrl = 'https://apis.map.qq.com/tools/poimarker' +
            '?marker=coord:' + loc.lat + ',' + loc.lng +
            ';title: 我的位置 ;addr:' + (loc.addr || loc.city) +
            '&key=OB4BZ-D4W3U-B7VVO-4PJWW-6TKDJ-WPB77&referer=myapp';
            // 给位置展示组件赋值
            document.getElementById('markPage').src = markUrl;
        } else { // 定位组件在定位失败后，也会触发 message, event.data 为 null
            alert(' 定位失败 ');
        }
        /* 另一个使用方式
        if (!isMapInit && !loc) { // 首次定位成功，创建地图
            isMapInit = true;
            createMap(event.data);
        } else if (event.data) { // 地图已经创建，再收到新的位置信息后更新地图中心点
            updateMapCenter(event.data);
        }
        */
    }, false);
        // 为防止定位组件在 message 事件监听前已经触发定位成功事件，在此处显示请求一次
位置信息
        document.getElementById("geoPage").contentWindow.postMessage('getLocation', '*');
        // 设置 6s 超时，防止定位组件长时间获取位置信息未响应
        setTimeout(function() {
        if(!loc) {
            // 主动与前端定位组件通信（可选），获取粗糙的 IP 定位结果
            document.getElementById("geoPage")
            .contentWindow.postMessage('getLocation.robust', '*');
        }
    }, 6000); //6s 为推荐值，业务调用方可根据自己的需求设置改时间，不建议太短
    </script>
    <!-- 接收到位置信息后 通过 iframe 嵌入位置标注组件 -->
<iframe id="markPage" width="100%" height="70%" frameborder=0 scrolling="no" src=""></
iframe>
</body>
</html>
```

强化训练

本章主要学习了定位的知识，接着来做一个强化练习让大家记忆更加深刻。根据图 4-5 所示制作出相同的定位。

图 4-5

操作提示：

js 代码如下：

```
<script type="text/JavaScript">
var geolocation = new qq.maps.Geolocation("OB4BZ-D4W3U-B7VVO-4PJWW-6TKDJ-WPB77",
"myapp");
document.getElementById("pos-area").style.height = (document.body.clientHeight - 110) + 'px';
var positionNum = 0;
var options = {timeout: 8000};
function showPosition(position) {
positionNum ++;
document.getElementById("demo").innerHTML += " 序号： " + positionNum;
document.getElementById("demo").appendChild(document.createElement('pre')).innerHTML =
JSON.stringify(position, null, 4);
document.getElementById("pos-area").scrollTop = document.getElementById("pos-area").
```

```
scrollHeight;
    };
function showErr() {
positionNum ++;
document.getElementById("demo").innerHTML += " 序  号: " + positionNum;        document.
getElementById("demo").appendChild(document.createElement('p')).innerHTML = " 定位失败!  ";
document.getElementById("pos-area").scrollTop = document.getElementById("pos-area").
scrollHeight;
    };
unction showWatchPosition() {
document.getElementById("demo").innerHTML += " 开始监听位置! <br /><br />";
geolocation.watchPosition(showPosition);
document.getElementById("pos-area").scrollTop = document.getElementById("pos-area").
scrollHeight;
    };
function showClearWatch() {
geolocation.clearWatch();
document.getElementById("demo").innerHTML += " 停止监听位置! <br /><br />";
document.getElementById("pos-area").scrollTop = document.getElementById("pos-area").
scrollHeight;
    };
</script>
```

本章结束语

　　HTML5 地理定位可以让广告商和开发人员设想出很多办法,以充分利用用户的地理位置信息。在未来几年,geolocation 技术的应用将会不断成熟,因此如何能够更好地使用 HTML5 地理定位,还需要在以后的工作和学习中逐渐去开发拓展。

CHAPTER 05
拖曳上传的应用

本章概述 SUMMARY

在 HTML5 中提供了直接支持拖放操作的 API，支持在浏览器与其他应用程序之间的数据进行互相拖动，这也是 HTML5 中较为突出的一个部分，本章学习拖曳上传的具体方法和用处。

■ 学习目标
掌握拖放 API 的使用方法。
拖放 API 的应用知识。

■ 课时安排
理论知识 1 课时。
上机练习 2 课时。

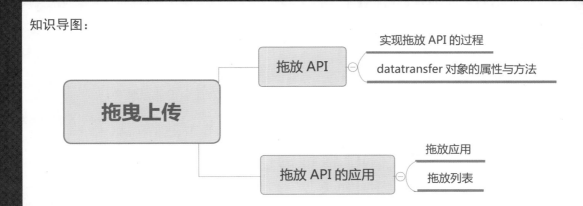

知识导图：

拖曳上传
- 拖放 API
  - 实现拖放 API 的过程
  - datatransfer 对象的属性与方法
- 拖放 API 的应用
  - 拖放应用
  - 拖放列表

5.1　拖放 API

虽然 HTML5 之前已经可以使用 mousedown、mousemove 和 mouseup 等来实现拖放操作，但却只支持在浏览器内部的拖放。而在 HTML5 中，已经支持在浏览器与其他应用程序之间的数据的互相拖动，并简化了有关拖放的代码。

■ 5.1.1　实现拖放 API 的过程

在 HTML5 中实现拖放操作，需要如下两个步骤：

第一：把要拖放的对象元素的 draggable 属性设置为 true(draggable="true")。这样才能将该元素进行拖放。另外，img 元素与 a 元素 (必须制定 href) 默认允许拖放。

例如：<div draggable="true" ></div>

第二：编写与拖放有关的事件处理代码。

下面介绍与拖放有关的几个事件：

- ondtagstart 事件：当拖曳元素开始被拖曳时触发的事件，此事件作用在被拖曳的元素上。
- ondragenter 事件：当拖曳元素进入目标元素时触发的事件，此事件用在目标元素上。
- Ondragover 事件：当拖曳元素在目标元素上移动时触发的事件，此事件用在目标元素上。
- Ondrop 事件：当被拖曳元素在目标上同时松开鼠标时触发的事件，此事件作用在目标元素上。
- Ondragend 事件：当拖曳完成后触发的事件，此事件作用在被拖曳元素上。

■ 5.1.2　dataTransfer 对象的属性与方法

HTML5 支持拖曳数据储存，主要使用 dataTransfer 接口，作用于元素的拖曳基础上。dataTransfer 对象包含以下属性和方法。

- dataTransfer.dropEffrct[=value]：返回已选择的拖放效果，如果该操作效果与最初设置的 effectAllowed 效果不符，则拖曳操作失败。可以设置修改，包含这几个值："none" "copy" "link" 和 "move"。
- dataTransfer.effectAllowed[=value]：返回允许执行的拖曳操作效果，可以设置修改，包含这几个值："none" "copy" "copyLink" "copyMove" "link" "linkMove" "move" "all" 和 "uninitiallzed"。
- dataTransfer.types：返回在 dragstart 事件触发时为元素存储数据的格式，如果是外部文件的拖曳，则返回 "files"。
- dataTransfer.clearData([format,data])：删除指定格式的数据，如果未指定格式，则删除当前元素的所有携带数据。
- dataTransfer.setData(format,data)：为元素添加指定数据。
- dataTransfer.getData(format)：返回指定数据，如果数据不存在，则返回空字符串。
- dataTransfer.files：如 果 是 拖 曳 文 件，则 返 回 正 在 拖 曳 的 文 件 列 表

FileList。

- dataTransfer setDragimage(element,x,y)：指定拖曳元素时跟随鼠标移动的图片，x 和 y 分别是相对于鼠标的坐标。
- dataTransfer.addElement(element)：添加一起跟随拖曳的元素，如果想让某个元素跟随被拖曳元素一同被拖曳，则使用此方法。

5.2 拖放 API 的应用

文件的拖放在网页中应用广泛，如何完成这些不同类型的文件拖放呢？下面根据两个示例来介绍拖放的具体应用。

5.2.1 拖放应用

下面做一个简单的拖放小案例，主要步骤如下：

第 1 步：打开 sublime，创建一个 HTML 文档。

第 2 步：创建两个 div 方块区域，分别给上 id 为"d1"和"d2"，其中 d2 位置将要进行拖曳操作的 div，所以要给添加属性 draggable，值为 true。

HTML 的代码如下：

```
div id="d1"></div>
<div id="d2" draggable="true"> 请拖曳我 </div>
```

第 3 步：样式的部分也很简单，d1 作为投放区域，面积大一些，d2 作为拖曳区域，面积小一些，为了更好地区分它们，将其边框颜色进行了改变。

style 代码如下：

```
*{margin:0;padding:0;}
#d1{width: 500px;
height: 500px;
border:blue 2px solid;
}
#d2{width: 200px;`
height: 200px;
border: red so lid 2px;
}
```

第 4 步：通过 javaScript 来操作拖放 API 的部分，需要在页面中获取元素，分别获取到 d1 和 d2（d1 为投放区域，d2 为拖曳区域）。

Script 代码如下：

```
var d1 = document.getElementById("d1");
var d2 = document.getElementById("d2");
```

第 5 步：为拖曳区域绑定事件，分别为开始拖动和结束拖动，并让它们在 d1 里面反馈出来。

```
d2.ondragstart = function(){
d1.innerHTML = " 开始！ ";
}
d2.ondragend = function(){
d1.innerHTML += " 结束！ ";
}
```

拖曳区域的事件写完之后，已经可以看见页面上能够拖动的 d2 区域，并能在 d1 里看见页面给出的反馈，但是现在还并不能把 d2 放入到 d1 中去。为此，还需要为投放区分别绑定一系列事件，是以能够及时看见页面给的反馈。

第 6 步：在 d1 里面写入一些文字。

```
d1.ondragenter = function (e){
```

```
d1.innerHTML += " 进入 ";
e.preventDefault();
}
d1.ondragover = function(e){
e.preventDefault();
}
d1.ondragleave = function(e){
d1.innerHTML += " 离开 ";
e.preventDefault();
}
d1.ondrop = function(e){
// alert(" 成功！ ");
e.preventDefault();
d1.appendChild(d2);
}
```

dragenter 和 dragover 可能会受到浏览器默认事件的影响，所以在这两个事件当中使用 e.preventDefault(); 来阻止浏览器默认事件。

到这里已经实现了简单的拖曳，如果还需要深入完善这个案例，还可以为这个拖曳事件添加一些数据。

第 7 步：拖曳事件刚开始时就把数据添加进去，代码如下：

```
d2.ondragstart = function(e){
e.dataTransfer.setData("myFirst"," 我 的 第
一个拖曳小案例！ ");
d1.innerHTML = " 开始！ ";
}
```

数据 myFirst 就被放进拖曳事件中了。

第 8 步：拖曳事件结束之后再把数据读取出来，代码如下：

```
d1.ondrop = function(e){
// alert(" 成功！ ");
e.preventDefault();
alert(e.dataTransfer.getData("myFirst"));
d1.appendChild(d2);
}
```

拖曳动作进行前如图 5-1 所示。
拖曳动作进行后如图 5-2 所示。

图 5-1

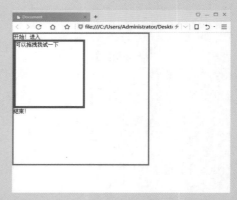

图 5-2

■ 5.2.2　拖放列表

想要实现在页面中有两块区域，且两块区域里面可能会有一些子元素，通过鼠标的拖曳让这些子元素在两个父元素里面来回交换。如何实现这样的效果？

小试身手：拖放列表的制作方法

新建一个 HTML 文档，在页面中需要两个 div 作为容器，用来存放一些小块的 span。
HTML 代码如下：

```
<div id="content"></div>
```

```html
<div id="content2">
<span>item1</span>
<span>item2</span>
<span>item3</span>
<span>item4</span>
</div>
```

接着为文档中的这些元素描上样式，为了区分两个 div，分别为两个 div 描上不同的边框颜色。

CSS 代码如下：

```css
*{margin:0;padding:0;}
#content{
margin:20px auto;
width: 300px;
height: 300px;
border:2px red solid;
}
#content span{
display:block;
width: 260px;
height: 50px;
margin:20px;
background:#ccc;
text-align:center;
line-height:50px;
font-size:20px;
}
#content2{
margin:0 auto;
width: 300px;
height: 300px;
border:2px solid blue;
list-style:none;
}
#content2 span{
display:block;
width: 260px;
height: 50px;
margin:20px;
background:#ccc;
text-align:center;
line-height:50px;
font-size:20px;
}
```

一切就绪，开始对这些元素进行拖放操作。因为在开发时不一定知道 div 中有多少个 span 子元素，所以一般不会直接在 HTML 页面中的 span 元素里面添加 draggable 属性，而是通过 JS 动态地为每个 span 元素添加 draggable 属性。

JS 代码如下：

```js
var cont = document.getElementById("content");
var cont2 = document.getElementById("content2");
var aSpan = document.getElementsByTagName("span");
for(var i=0;i<aSpan.length;i++){
aSpan[i].draggable = true;
aSpan[i].flag = false;
aSpan[i].ondragstart = function(){
this.flag = true;
}
aSpan[i].ondragend = function(){
this.flag = false;
}
}
```

拖曳区域的事件写完了，这里特别要注意的是为每个 span 除了添加 draggable 属性之外，还要添加自定义属性 flag，这个 flag 属性在以后的代码中会有很大作用！

下面就是投放区域的事件，需要做什么在上一小节中已经介绍过了，这里不再赘述。

代码如下：

```js
cont.ondragenter = function(e){
e.preventDefault();
}
cont.ondragover = function(e){
e.preventDefault();
}
cont.ondragleave = function(e){
e.preventDefault();
}
cont.ondrop = function(e){
e.preventDefault();
for(var i=0;i<aSpan.length;i++){
if(aSpan[i].flag){
```

```
cont.appendChild(aSpan[i]);
}
}
}
cont2.ondragenter = function(e){
e.preventDefault();
}
cont2.ondragover = function(e){
e.preventDefault();
}
cont2.ondragleave = function(e){
e.preventDefault();
```

```
}
cont2.ondrop = function(e){
e.preventDefault();
for(var i=0;i<aSpan.length;i++){
if(aSpan[i].flag){
cont2.appendChild(aSpan[i]);
}
}
}
```

现在，代码已全部完成，原理不复杂，操作很简单，相较于以前使用纯 JavaScript 操作来说已经简化了很多。

代码的运行效果如图 5-3 所示。

拖曳后的效果如图 5-4 所示。

图 5-3

图 5-4

5.3 课堂练习

学习完本章，为大家准备了一个课堂练习。如图 5-5 所示，把图片拖到下面，以显示出具体的价格和出版的时间。

图 5-5

先来制作整体部分，代码如下：

```html
<body onLoad="pageload();">
 <ul>
  <li class="liF">
    <img src="img02.jpg" id="img02"
        alt="32" title="2006 作  品 "
draggable="true">
  </li>
  <li class="liF">
    <img src="img03.jpg" id="img03"
        alt="36" title="2008 作  品 "
draggable="true">
  </li>
  <li class="liF">
    <img src="2.jpg" id="img04"
        alt="42" title="2010 作  品 "
draggable="true">
  </li>
  <li class="liF">
    <img src="1.jpg" id="img05"
        alt="39" title="2011 作  品 "
draggable="true">
  </li>
 </ul>
 <ul id="ulCart">
  <li class="liT">
   <span> 书名 </span>
   <span> 定价 </span>
   <span> 数量 </span>
   <span> 总价 </span>
  </li>
 </ul>
</body>
```

接下来制作 JS 部分，代码如下：

```javascript
<script type="text/javascript"
language="jscript"
    src="Js/js6.js"/>
                // JavaScript Document
function $$(id) {
  return document.getElementById(id);
}
// 自定义页面加载时调用的函数
function pageload() {
    // 获取全部的图书商品
    var Drag = document.getElements
ByTagName("img");
    // 遍历每一个图书商品
    for (var intI = 0; intI < Drag.length; intI++) {
            // 为每一个商品添加被拖
放元素的 dragstart 事件
        Drag[intI].addEventListener("dragstart",
        function(e) {
           var objDtf = e.dataTransfer;
              objDtf.setData("text/html",
addCart(this.title, this.alt, 1));
        },
        false);
    }
    var Cart = $$("ulCart");
        // 添加目标元素的 drop 事件
    Cart.addEventListener("drop",
    function(e) {
        var objDtf = e.dataTransfer;
        var strHTML = objDtf.getData("text/html");
        Cart.innerHTML += strHTML;
        e.preventDefault();
        e.stopPropagation();
    },
    false);
}
// 添加页面的 dragover 事件
document.ondragover = function(e) {
    // 阻止默认方法，取消拒绝被拖放
    e.preventDefault();
}
// 添加页面 drop 事件
document.ondrop = function(e) {
    // 阻止默认方法，取消拒绝被拖放
    e.preventDefault();
}
// 自定义向购物车中添加记录的函数
function addCart(a, b, c) {
   var strHTML = "<li class='  liC' >";
   strHTML += "<span>" + a + "</span>";
   strHTML += "<span>" + b + "</span>";
   strHTML += "<span>" + c + "</span>";
   strHTML += "<span>" + b * c + "</span>";
   strHTML += "</li>";
   return strHTML;
}
</script>
```

强化训练

本章学习了 HTML5 中的重要知识点：文件的拖放。在一个网页中，很多地方会应用到此知识，例如，一个提交表单会让用户放入证件照片等文件。为了加强印象做一个可以拖曳上传文件的应用效果的练习。

最终效果如图 5-6 所示。

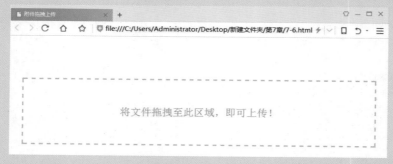

图 5-6

操作提示：

样式的提示代码如下：

```
<style>
*{
margin:0;
padding:0;
word-wrap: break-word;
font-family:"Hiragino Sans GB","Hiragino
Sans GB W3","Microsoft YaHei",
font-style:normal;
font-size:100%;
list-style:none;
}
#uploadbox{
margin:100px auto;
width:800px;
height:150px;
line-height:150px;
text-align:center;
font-size:24px;
color:#999;
```

```
border:3px #c0c0c0 dashed;
position:relative;
}
</style>
```

Script 提示代码如下：

```
uploadbox.ondrop = function(e)
{
e.preventDefault();
var fd = new FormData();
for(var i = 0, j = e.dataTransfer.files.length; i
< j; i++)
{
fd.append("files[]", e.dataTransfer.files[i]);
}
upload(fd);
return false;
};
```

本章结束语

本章介绍了在 HTML5 中拖放 API，并介绍了常用的拖放属性和方法。关于拖放 API 的一些更加有趣的用法和深入的探索还需要在以后的工作和学习中慢慢挖掘。

CHAPTER　06
CSS3 选择器

本章概述 SUMMARY

CSS3 是 CSS 技术的升级版本，CSS3 语言开发是朝着模块化发展的。以前的规范作为一个模块过于庞大且十分复杂。因此把它分解为一些小的模块，并将更多新的模块也被加入进来。

■ 学习目标
掌握 CSS 选择器的种类。
了解 CSS3 浏览器的支持情况。
掌握 CSS3 的新增属性和伪类。

■ 课时安排
理论知识 1 课时。
上机练习 2 课时。

知识导图：

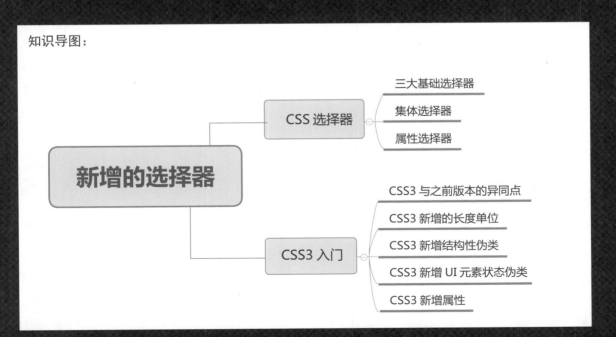

6.1 CSS 选择器

在对页面中的元素进行样式修改时，需要做的是找到页面中需要修改的元素，再对它们进行样式修改的操作。例如，需要修改页面中 <div> 标签的样式，就需要在样式表当中先找到需要修改的 <div> 标签。然而如何才能找到这些需要修改的元素呢？这就需要 CSS 中的选择器来完成，本节将回顾 CSS 中的选择器。

■ 6.1.1 三大基础选择器

在 CSS 中，选择器可以分为四大种类，分别为元素选择器、类选择器、ID 选择器和属性选择器，而由这些选择器衍生出来的复合选择器和后代选择器等其实都是这些选择器的扩展应用而已。

（1）元素选择器

在页面中有很多元素，这些元素也是构成页面的基础。CSS 元素选择器用来声明页面中哪些元素使用将要适配的 CSS 样式。所以，页面中每一个元素名都可以成为 CSS 元素选择器的名称。例如，div 选择器就是用来选中页面中所有的 div 元素。同理，还可以对页面中诸如 p、ul、li 等元素进行 CSS 元素选择器的选取，对这些被选中的元素进行 CSS 样式的修改。

小试身手：元素选择器的使用方法

元素选择器的代码实例如下：

```
<!DOCTYPE html>
<html>
<head>
<meta charset="UTF-8">
<title> 元素选择器 </title>
<style>
p{
color:green;
font-size: 25px;
}
ul{
list-style-type:none;
}
a{
text-decoration:none;
}
</style>
</head>
<body>
<p> 第一行的文字样式是绿色 </p>
```

```
<ul>
<li> 第 1 个 li 标签 </li>
<li> 第 2 个 li 标签 </li>
<li> 第 3 个 li 标签 </li>
<li> 第 4 个 li 标签 </li>
</ul>
<a href="#">a 标签的样式 </a>
<p> 第二行的文字样式也是绿色 </p>
</body>
</html>
```

以上这段 CSS 代码表示的是 HTML 页面中所有的 <p> 标签文字颜色都采用红色，文字大小为 20 像素。所有的 <ul> 无序列表采用没有列表标记风格，而所有的 <a> 则是取消下划线显示。每一个 CSS 选择器都包含了选择器本身、属性名和属性值，其中属性名和属性值均可同时设置多个，以达到对同一个元素声明多重 CSS 样式风格的目的。

代码运行结果如图 6-1 所示。

图 6-1

（2）类选择器

在页面中，可能有一些元素名并不相同，但是，依然需要它们拥有相同的样式。如果使用之前的元素选择器来操作的话就会显得非常烦琐，所以不妨换种思路来考虑。假如需要对页面中的 <p> 标签、<a> 标签和 <div> 标签使用同一种文字样式，这时，就可以把这三个元素看成是同一种类型样式的元素，所以可以对它们进行归类操作。

在 CSS 中，使用类操作需要在元素内部使用 class 属性，而 class 的值就是为元素定义的"类名"。

小试身手：类选择器的用法

类选择器的使用代码如下：

```
<body>
<p class="myTxt"> 我是一行 p 标签文字 </p>
```

```
<p class="myTxt"><a class="myTxt" href="#"> 我是 a 标签内部的文字 </a></p>
<div class="myTxt">div 文字也和它们的样式相同 </div>
</body>
```

为当前类添加样式

```
<style type="text/css">
.myTxt{
color:red;
font-size: 30px;
text-align: center;
}
</style>
```

以上两段代码分别是为需要改变样式的元素添加 class 类名以及为需要改变的类添加 CSS 样式。这样就可以达到同时为多个不同元素同时添加相同的 CSS 样式的目的。这里需要注意的是，因为 <a> 标签自带下划线，所以在页面中，<a> 标签的内容还是会有下划线存在的。如果对此不满意的话，还可以单独为 <a> 标签多添加一个类名（一个标签是可以存在多个类名的，类名与类名之间使用空格分隔）。

代码如下：

```
<p class="myTxt"><a class="myTxt myA" href="#"> 我是 a 标签内部的文字 </a></p>
.myA{text-decoration: none;}
```

通过以上代码就可以实现取消 <a> 标签下划线的目的，两次代码运行效果如图 6-2、图 6-3 所示。

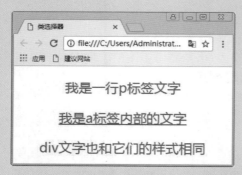

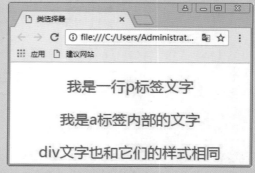

图 6-2　　　　　　　　　　　　　　　　图 6-3

（3）ID 选择器

元素选择器和类选择器都是对一类元素进行选取和操作，假设需要对页面中众多 <p> 标签中的某一个进行选取和操作，便需要一个独一无二的选择器。ID 选择器就是这样一个选择器，ID 属性的值是唯一的。

小试身手：ID 选择器的使用方法

ID 选择器的使用代码如下：

HTML 代码

```
<p> 这是第 1 行文字 </p>
<p id="myTxt"> 这是第 2 行文字 </p>
<p> 这是第 3 行文字 </p>
<p> 这是第 4 行文字 </p>
<p> 这是第 5 行文字 </p>
CSS 代码
<style>
#myTxt{
font-size: 30px;
color:red;
}
</style>
```

在第二个 <p> 标签中设置了 id 属性，并在 CSS 样式表中对 id 进行了样式的设置，让 id 属性的值为 "myTxt" 元素字体大小为 30 像素，文字颜色为红色。

代码运行效果如图 6-4 所示。

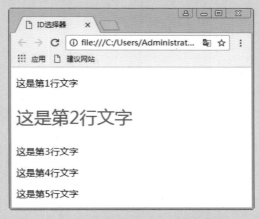

图 6-4

6.1.2　集体选择器

在编写页面时会遇到很多个元素都要采用同一种样式属性的情况，把这些样式相同的元素放在一起进行集体声明而不是单个分开，这样做的好处就是可以极大地简化操作，集体选择器就是为了这种情况而设计的。

小试身手：给所有元素设置同一种样式

集体选择器的使用代码如下：

```
<!DOCTYPE html>
<html lang="en">
<head>
<meta charset="UTF-8">
<title> 集体选择器 </title>
```

```
<style>
li,.mytxt,span,a{
font-size: 20px;
color:red;
}
</style>
</head>
<body>
<ul>
<li>item1</li>
<li>item2</li>
<li>item3</li>
<li>item4</li>
</ul>
<hr/>
<p> 这是第 1 行文字 </p>
<p class="mytxt"> 这是第 2 行文字 </p>
<p class="mytxt"> 这是第 3 行文字 </p>
<p class="mytxt"> 这是第 4 行文字 </p>
<p> 这是第 5 行文字 </p>
<hr/>
<span> 这 是 span 标 签 内 部 的 文 字 </span>
<hr/>
<a href="#"> 这是 a 标签内部的文字 </a>
</body>
```

```
</html>
```

集体选择器的语法就是每个选择器之间使用逗号隔开，通过集体选择器可以达到对多个元素进行集体声明的目的，以上代码选中了页面中所有的 <li>，<span>，<a> 以及类名为 "mytxt" 的元素，并且对这些元素进行了集体的样式编写。

代码运行效果如图 6-5 所示。

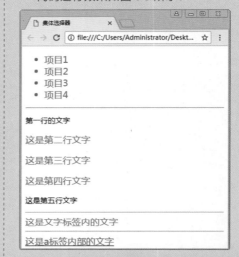

图 6-5

■ 6.1.3 属性选择器

CSS 属性选择器可以根据元素的属性和属性值来选择元素。

属性选择器的语法是把需要选择的属性写在一对中括号中，如果想把包含标题（title）的所有元素变为红色，那么可以写成如下代码：

*[title] {color:red;}

也可以采取与上面类似的写法，可以只对有 href 属性的锚（a 元素）应用样式：

a[href] {color:red;}

还可以根据多个属性进行选择，只需将属性选择器链接在一起即可。例如，为了将同时有 href 和 title 属性的 HTML 超链接的文本设置为红色，可以这样写：

a[href][title] {color:red;}

以上都是属性选择器的用法，也可以将以上所学的选择器组合起来，采用带有创造性的方法来使用这个特性。

小试身手：使用属性选择写样式

属性选择器的使用代码如下：

```
<!DOCTYPE html>
<html lang="en">
<head>
<meta charset="UTF-8">
<title> 属性选择器 </title>
<style>
img[alt]{
border:3px solid red;
}
img[alt="image"]{
border:3px solid blue;
}
</style>
</head>
<body>
<img src="meijing.png" alt="" width="300">
<img src=" meijing.png " alt="image" width="300">
<img src=" meijing.png " alt="" width="300">
<img src=" meijing.png " alt="" width="300">
<img src=" meijing.png " alt="" width="300">
<img src=" meijing.png " alt="" width="300">
</body>
</html>
```

上面这段代码就是让所有拥有 alt 属性的 img 标签都有 3 个像素宽度的边框，且实线类型为红色；但是对 alt 属性的值为 image 的元素重新进行了样式设置，因为希望它的边框颜色可以有所变化，所以以设置为了蓝色。

代码运行效果如图 6-6 所示。

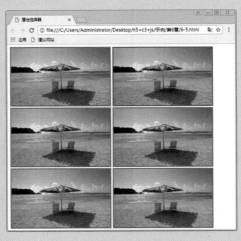

图 6-6

6.2　CSS3 入门

CSS 即层叠样式表（Cascading StyleSheet）。 在网页制作时采用层叠样式表技术，可以有效地对页面的布局、字体、颜色、背景和其他效果实现更加精确的控制。 只要对相应的代码做一些简单的修改，就可以改变同一页面的不同部分，或者页数不同的网页的外观和格式。CSS3 是 CSS 技术的升级版本，CSS3 语言开发是朝着模块化发展的。以前的规范作为一个模块过于庞大且比较复杂，所以，将其分解成一些小的模块，并将更多新的模块加入进来。这些模块包括：盒子模型、列表模块、超链接方式、语言模块、背景和边框、文字特效、多栏布局等。

6.2.1　CSS3 与之前版本的异同点

CSS3 作为之前版本的升级版本，它们之间有什么关系，有哪些相同的地方，又有哪些不同的地方呢？

与之前的版本相比，相同点是它们都是网页样式的 code，都是通过对样式表的编辑达到美化页面的效果，它们都是实现页面内容和样式相分离的手段。

不同点是，它引入了更多的样式选择和更多的选择器，加入了新的页面样式与动画等，CSS3 语言开发是朝着模块化发展的。但是相应地 CSS3 在带来了更多的网页样式与特效的同时，也产生了一些兼容性问题。例如 CSS3 之前的版本被各个浏览器支持，而 CSS3 则是对浏览器厂商发起的一次冲击，使得一些不能很好兼容 CSS3 新特性的浏览器厂商不得不尽快升级自己的浏览器内核，甚至使个别浏览器厂商直接更换了之前的内核。

6.2.2　CSS3 新增的长度单位

rem 是 CSS3 中新增的长度单位。看见 rem 就会想到 em 单位，因为它们都表示倍数。那么 rem 到底是什么呢？

rem（font size of the root element）是指相对于根元素的字体大小的单位。简单地说它就是一个相对单位。但是它与 em 单位所不同的是， em（font size of the element）是指相对于父元素的字体大小的单位。它们之间其实很相似，只不过计算的规则一个是依赖根元素，一个是依赖父元素。

rem 是一个相对单位，相对根元素字体大小的单位，简单说就是相对于 HTML 元素字体大小的单位。

这样在计算与子元素有关的尺寸时，只要根据 HTML 元素字体大小计算即可。不再像使用 em 时，得来回的找父元素字体大小并频繁的计算，根本离不开计算器。

HTML 的字体大小设置为 font-size:62.5% 原因：浏览器默认字体大小是 16px，rem 与 px 关系为： 1rem = 10px，10/16=0.625=62.5%，为了使子元素相关尺寸计算方便，这样写最合适。只要将设计稿中量到的 px 尺寸除以 10 就会得到相应的 rem 尺寸，非常方便。

rem 的代码如下：

```
<!DOCTYPE html>
<html lang="en">
<head>
```

```
<meta charset="UTF-8">
<title>Document</title>
<style>
html{font-size: 62.5%;}
p{font-size: 2rem;}
div{font-size: 2em}
</style>
</head>
<body>
<p> 这是 <span>p 标签 </span> 内的文本 </p>
<div> 这是 <span>div 标签 </span> 中的文本 </div>
</body>
</html>
```

代码运行结果如图 6-7 所示。

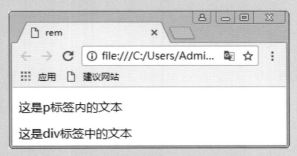

图 6-7

看起来两种单位并没有什么区别，因为在页面中，文字大小是完全相同的。分别对 p
标签和 div 标签中的 span 元素进行字体大小的设置，看看它们会发生什么变化。

代码如下：

```
p span{font-size: 2rem;}
div span{font-size: 2em;}
```

代码运行结果如图 6-8 所示。

图 6-8

这里可以看出，p 标签中的 span 元素采用了 rem 为单位，元素内的文本并没有任何变化，而在 div 中的 span 元素采用了 em 单位，其内的文本大小已经产生了二次计算的结果。这也是写页面时经常会遇到的问题，经常会因为子级的错失导致文本大小被二次计算，结果就是回头再去改以前的代码，很影响工作效率。

■ 6.2.3 CSS3 新增结构性伪类

在 CSS3 中新增了一些新的伪类，它们的名字叫做结构性伪类。结构性伪类选择器的公共特征是允许开发者根据文档结构来指定元素的样式。下面讲解这些新增结构性伪类。

（1）:root 伪类
匹配文档的根元素。在 HTML 中，根元素永远是 HTML。

（2）:empty 伪类
匹配没有任何子元素（包括 text 节点）的元素 E。

小试身手：给没有子元素的元素设置样式

empty 伪类代码如下：

```
<!DOCTYPE html>
<html lang="en">
<head>
<meta charset="UTF-8">
<title>Document</title>
<style>
div:empty{
width: 100px;
height: 100px;
background: #f0f000;
}
</style>
</head>
<body>
<div> 我是 div 的子级，我是文本 </div>
<div></div>
<div>
<span> 我是 div 的子级，我是 span 标签 </span>
</div>
</body>
</html>
```

代码运行结果如图 6-9 所示。

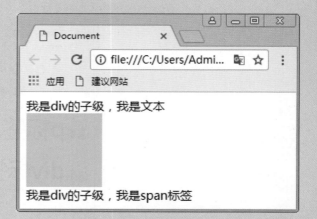

图 6-9

（3）:nth-child(n) 伪类

:nth-child(n) 选择器匹配属于其父元素的第 N 个子元素，而不论元素的类型。n 可以是数字、关键词或公式。

小试身手：三个示例讲解 nth-child(n) 选择器

案例一代码如下：

```
<!DOCTYPE html>
<html lang="en">
<head>
<meta charset="UTF-8">
<title>Document</title>
<style>
ul li:nth-child(3){
color:red;
}
</style>
</head>
<body>
<ul>
<div>items0</div>
<li>items1</li>
<li>items2</li>
<li>items3</li>
<li>items4</li>
</ul>
</body>
</html>
```

代码运行结果如图 6-10 所示。

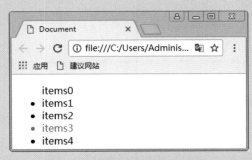

图 6-10

案例二代码如下：

```
ul li:nth-child(even){
color:red;
}
ul li:nth-child(odd){
```

```
    color:green;
    }
```

代码运行结果如图 6-11 所示。

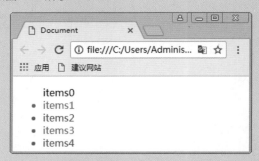

图 6-11

使用公式 (an + b)。描述：表示周期的长度，n 是计数器（从 0 开始），b 是偏移值。

案例三代码如下：

```
ul li:nth-child(2n+1){
color:red;
}
```

代码运行结果如图 6-12 所示。

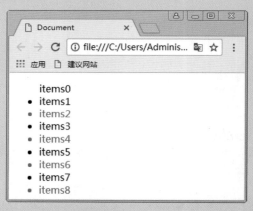

图 6-12

（4）:nth-of-type(n) 伪类

:nth-of-type(n) 选择器匹配属于父元素的特定类型的第 N 个子元素的每个元素。

n 可以是数字、关键词或公式。

这里需要注意的是 nth-of-type 和 nth-child 是不同的，前者是从选择器的元素类型开始计数，后者是不论元素类型的。

也就是说，与上面的案例是同样一段 HTML 代码，使用 :nth-of-type(3) 就会选到 items3 的元素，而不是之前的 items2 的元素。

小试身手：给第 N 个元素设置样式

案例代码如下：

```
<!DOCTYPE html>
<html lang="en">
<head>
<meta charset="UTF-8">
<title>Document</title>
<style>
ul li:nth-of-type(3){
color:red;
}
</style>
</head>
<body>
<ul
<div>items0</div>
<li>items1</li>
<li>items2</li>
<li>items3</li>
<li>items4</li>
</ul>
</body>
</html>
```

代码运行结果如图 6-13 所示。

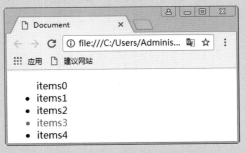

图 6-13

至于括号内参数 n 的用法与之前的 nth-child 用法相同，这里不再举例赘述。

（5）:last-child 伪类

:last-child 选择器匹配属于其父元素的最后一个子元素的每个元素。

（6）:nth-last-of-type(n) 伪类

:nth-last-of-type(n) 选择器匹配属于父元素的特定类型的第 N 个子元素的每个元素，从最后一个子元素开始计数。

n 可以是数字、关键词或公式。

（7）:nth-last-child(n) 伪类

:nth-last-child(n) 选择器匹配属于其元素的第 N 个子元素的每个元素，不论元素的类型，从最后一个子元素开始计数。

n 可以是数字、关键词或公式。

p:last-child 等同于 p:nth-last-child(1)

（8）:only-child 伪类

:only-child 选择器匹配属于其父元素的唯一子元素的每个元素。

小试身手：only-child 伪类的使用方法

案例代码如下：

```
<!DOCTYPE html>
<html lang="en">
<head>
<meta charset="UTF-8">
<title>Document</title>
<style>
p:only-child{
color:red;
}
span:only-child{
color:green;
}
</style>
</head>
<body>
<div>
<p>items0</p>
</div>
<ul>
<li>items1</li>
<li>items2</li>
<li>items3</li>
<li>items4</li>
<span>items5</span>
</ul>
</body>
</html>
```

代码运行结果如图 6-14 所示。

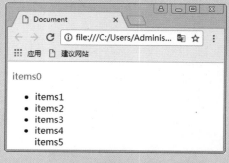

图 6-14

虽然分别对 p 元素和 span 元素设置了文本颜色属性，但是只有 p 元素有效，因为 p 元素是 div 下的唯一子元素。

（9）:only-of-type 伪类

:only-of-type 选择器匹配属于其父元素的特定类型的唯一子元素的每个元素。

小试身手：only-of-type 伪类的使用方法

案例代码如下：

```
<!DOCTYPE html>
<html lang="en">
<head>
<meta charset="UTF-8">
<title>Document</title>
<style>
p:only-of-type{
color:red;
}
span:only-of-type{
color:green;
}
```

```
</style>
</head>
<body>
<div>
<p>items0</p>
</div>
<ul>
<li>items1</li>
<li>items2</li>
<li>items3</li>
<li>items4</li>
<span>items5</span>
</ul>
</body>
</html>
```

代码运行结果如图 6-15 所示。

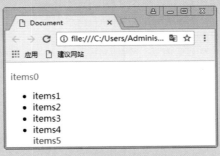

图 6-15

■ 6.2.4　CSS3 新增 UI 元素状态伪类

CSS3 新特性中的 UI 元素状态伪类，这一伪类为表单元素提供了更多的选择。下面讲解这些新增状态伪类。

（1）:checked 伪类
:checked 选择器匹配每个已被选中的 input 元素（只用于单选按钮和复选框）。

（2）:enabled 伪类
:enabled 选择器匹配每个已启用的元素（大多用在表单元素上）。

小试身手：为所有已启用的 input 元素设置背景色

:enabled 伪类的使用代码如下：

```
<!DOCTYPE html>
<html lang="en">
<meta charset="UTF-8">
<title>Document</title>
<head>
<style>
```

```
input:enabled
{
background:#ffff00;
}
input:disabled
{
background:#dddddd;
}
</style>
</head>
<body>
<form action="">
姓名：<input type="text" value="Mickey" /><br>
曾用名：<input type="text" value="Mouse" /><br>
生日：<input type="text" disabled="disabled" value="Disneyland" /><br>
密码：<input type="password" name="password" /><br>
<input type="radio" value="male" name="gender" /> Male<br>
<input type="radio" value="female" name="gender" /> Female<br>
<input type="checkbox" value="Bike" /> I have a bike<br>
<input type="checkbox" value="Car" /> I have a car
</form>
</body>
</html>
```

代码运行结果如图 6-16 所示。

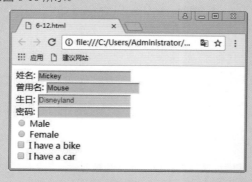

6-16

（3）:disabled 伪类

:disabled 选择器选取所有禁用的表单元素。

与 :enabled 用法类似，这里不再举例赘述。

（4）::selection 伪类

::selection 选择器匹配被用户选取的选取是部分。

::selection 选择器应用的 CSS 属性：color、background、cursor 以及 outline。

小试身手：::selection 伪类的使用方法

案例代码如下：

```
<!DOCTYPE html>
<html lang="en">
<meta charset="UTF-8">
<title>Document</title>
<head>
<style>
::selection{
color:red;
}
</style>
</head>
<body>
<h1> 请选择页面中的文本 </h1>
<p> 这是一段文字 </p>
<div> 这是一段文字 </div>
<a href="#"> 这是一段文字 </a>
</body>
</html>
```

代码运行结果如图 6-17 所示。

图 6-17

6.2.5 CSS3 新增属性

CSS3 中准备了一些属性选择器和目标伪类选择器等，下面讲解这些新增属性。

（1）:target 选择器

:target 选择器可用于选取当前活动的目标元素。

小试身手：选取当前活动的目标元素

:target 选择器的案例代码如下：

```
<!DOCTYPE html>
<html lang="en">
<meta charset="UTF-8">
<title>Document</title>
<head>
```

```
<style>
div{
width: 200px;
height: 200px;
background: #ccc;
margin:20px;
}
:target{
background: #f46;
}
</style>
</head>
<body>
<h1> 请点击下面的链接 </h1>
<p><a href="#content1"> 跳转到第一个 div</a></p>
<p><a href="#content2"> 跳转到第二个 div</a></p>
<hr/>
<div id="content1"></div>
<div id="content2"></div>
</body>
</html>
```

图 6-18

代码运行结果如图 6-18 所示。

在页面中点击第二个链接，最明显的显示就是第二个 div 产生了背景色的改变。

（2）:not 选择器

:not(selector) 选择器匹配非指定元素 / 选择器的每个元素。

小试身手：匹配非指定元素 / 选择器的每个元素的方法

案例代码如下：

```
<!DOCTYPE html>
<html lang="en">
<meta charset="UTF-8">
<title>Document</title>
<head>
<style>
:not(p){
border:1px solid red;
}
</style>
</head>
<body>
<span> 这是 span 内的文本 </span>
<p> 这是第 1 行 p 标签文本 </p>
```

```
<p> 这是第 2 行 p 标签文本 </p>
<p> 这是第 3 行 p 标签文本 </p>
<p> 这是第 4 行 p 标签文本 </p>
</body>
</html>
```

代码运行结果如图 6-19 所示。

图 6-19

上面这段代码选中了所有的非 <p> 元素，所以除了 <span> 之外，<body> 和 <html>
也被选中了。

（3）[attribute] 选择器

[attribute] 选择器用于选取带有指定属性的元素。

选中页面中所有带有 title 属性的元素，并添加文本样式。

小试身手：选取带有指定属性的元素的方法

案例代码如下：

```
<!DOCTYPE html>
<html lang="en">
<meta charset="UTF-8">
<title>Document</title>
<head>
<style>
[title]{
color:red;
}
</style>
</head>
<body>
<span title=""> 这是 span 内的文本 </span>
<p> 这是第 1 行 p 标签文本 </p>
<p title=""> 这是第 2 行 p 标签文本 </p>
<p> 这是第 3 行 p 标签文本 </p>
<p> 这是第 4 行 p 标签文本 </p>
</body>
</html>
```

代码运行结果如图 6-20 所示。

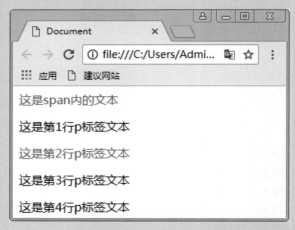

图 6-20

（4）[attribute~=value] 选择器

[attribute~=value] 选择器用于选取属性值中包含指定词汇的元素。

选中所有页面中 title 属性带有文本"txt"的元素。

小试身手：选取属性值中包含指定词汇的元素的方法

案例代码如下：

```
<!DOCTYPE html>
<html lang="en">
<meta charset="UTF-8">
<title>Document</title>
<head>
<style>
[title~=txt]{
color:red;
}
</style>
</head>
<body>
<span title="txt"> 这是 span 内的文本 </span>
<p> 这是第 1 行 p 标签文本 </p>
<p title="my txt"> 这是第 2 行 p 标签文本 </p>
<p> 这是第 3 行 p 标签文本 </p>
<p> 这是第 4 行 p 标签文本 </p>
</body>
</html>
```

代码运行结果如图 6-21 所示。

图 6-21

6.3　课堂练习

　　本节的课堂练习为大家准备了如图 6-22 所示的效果，请根据本章学习的知识做出相同的效果。

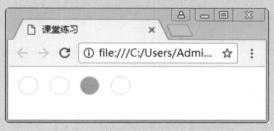

图 6-22

图 6-22 所示的效果代码如下：

```
<!DOCTYPE html>
<html lang="en">
<head>
  <meta charset="UTF-8">
  <title> 课堂练习 </title>
  <style>
    input[type="radio"]{display: none;}
      label{display: inline-block;width:
24px;height: 24px;
        border-radius: 50%;border: 1px solid
#ccc;margin: 5px;}
       :checked + label{background: #00b3ee;}
  </style>
</head>
<body>
    <input type="radio" name = "fruit" id =
"check1"/>
    <label for="check1"></label>
    <input type="radio" name = "fruit" id =
"check2"/>
    <label for="check2"></label>
    <input type="radio" name = "fruit" id =
"check3"/>
    <label for="check3"></label>
    <input type="radio" name = "fruit" id =
"check4"/>
    <label for="check4"></label>
</body>
</html>
```

强化训练

在网页设计中，表单的作用是很大的，除负责数据采集外，精心设计的表单还能让用户心情舒畅，从而愉快地注册、付款或进行内容创建和管理。本节的强化练习是利用 CSS 创建一个表单。

表单的设计效果如图 6-23 所示。

图 6-23

操作提示：

部分 HTML 代码如下：

```
<fieldset>
<legend> 用户详细资料 </legend>
<ol>
<li>
<label for=name> 用户名称: </label>
<input id=name name=name type=text
placeholder=" 请输入用户名 " required
autofocus>
</li>
<li>
<label for=email> 邮件地址: </label>
<input id=email name=email type=email
placeholder="example@163.com"
required>
</li>
<li>
<label for=phone> 联系电话: </label>
<input id=phone name=phone type=tel
placeholder="010-12345678" required>
</li>
</ol>
</fieldset>
```

CSS 提示代码如下：

```
body {
background: #ffffff;
color: #111111;
font-family: Georgia, "Times New Roman",
Times, serif;
padding-left: 20px;
}
form#payment {
background: #9cbc2c;
-webkit-border-radius: 5px;
border-radius: 5px;
padding: 20px;
width: 400px;
margin:auto;
}
form#payment fieldset {
border: none;
margin-bottom: 10px;
}
```

此练习也是关于表单的练习，因为在设计网页时表单出现的次数最多，且样式也较多样化，只有掌握了 CSS3 的新样式才能做出更漂亮的网页。

本章结束语

本章主要讲述了 CSS 的基础知识，回顾了 CSS 的特点和基本语法，讲述了 CSS 的选择器和数值单位，这些都是为 CSS3 做铺垫，本章的重点知识是 CSS3 的一些新增属性和元素伪类等重要知识点。

CHAPTER 07
CSS3 设计动画

本章概述 SUMMARY

CSS3 动画又是一个颠覆性的技术，之前想要在网页中实现动画效果总是需要 JavaScript 或者 Flash 插件的帮助，但是 CSS3 动画无需我们再使用较复杂的 JavaScript 或者是非常占资源的 Flash 插件了。本章将讲解 CSS3 动画的知识。

■ 学习目标
了解浏览器对 CSS3 过渡属性的支持情况。
掌握单项和多项过渡属性。
了解浏览器对 CSS3 动画属性的支持情况。
能够单独完成一个动画效果。

■ 课时安排
理论知识 1 课时。
上机练习 2 课时。

知识导图：

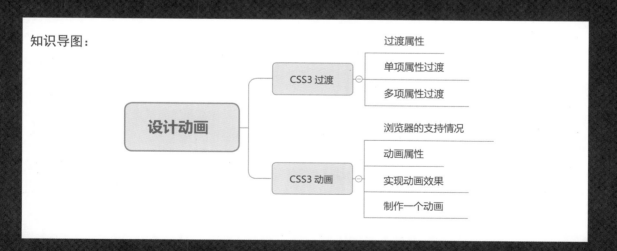

7.1 过渡基础

所谓过渡就是某个元素从一种状态到另一状态的过程。CSS3 的过渡指的是页面中的元素从开始状态改变成另外一种状态的过程。CSS3 中的 transition 属性提供了非常便捷的过渡方式，从而不需要借助其他插件就能完成。

7.1.1 过渡属性

CSS3有很多过渡属性，这些属性丰富了过渡的效果和能力以及创作的自由度，如表7-1所示。

表 7-1　CSS3 中所有的过渡金属

属性	描述
Transition	简写属性，用于在一个属性中设置四个过渡属性
transition-property	规定应用过渡的 CSS 属性的名称
transition-duration	定义过渡效果花费的时间。默认是 0
transition-timing-function	规定过渡效果的时间曲线。默认是 ease
transition-delay	规定过渡效果何时开始。默认是 0

表 7-1 中的 transition-timing-function 属性其实就是规定用户想要的动画方式，它的值可以是以下几种：

- linear：规定以相同速度开始至结束的过渡效果（等于 cubic-bezier(0,0,1,1)）。
- ease：规定慢速开始，逐渐变快，然后慢速结束的过渡效果（cubic-bezier(0.25,0.1,0.25,1)）。
- ease-in：规定以慢速开始的过渡效果（等于 cubic-bezier(0.42,0,1,1)）。
- ease-out：规定以慢速结束的过渡效果（等于 cubic-bezier(0,0,0.58,1)）。
- ease-in-out：规定以慢速开始和结束的过渡效果（等于 cubic-bezier(0.42,0,0.58,1)）。
- cubic-bezier(n,n,n,n)：在 cubic-bezier 函数中定义自己的值。可能的值是 0 至 1 之间的数值。
- 表 7-1 中的 transition-delay 属性表示的是过渡的延迟时间，0 代表没有延迟，立即执行。

7.1.2 浏览器支持情况

目前 CSS3 的过渡属性浏览器支持情况已经很好了，绝大多数浏览器都能够支持 CSS3 过渡，表 7-2 就是目前各大浏览器厂商对 CSS3 过渡的支持情况。

注：表中的数字表示支持该属性的第一个浏览器版本号。

紧跟在 -webkit-、-ms- 或 -moz- 前的数字为支持该前缀属性的第一个浏览器版本号。

表 7-2　各大浏览器厂商对 CSS3 过渡的支持情况

属性	Chrome	IE	Firefox	Safrai	Opera
transition	26.0.0-webkit-	10.0	16.04.0-moz-	6.13.1-webkit-	12.110.5-o-
transition-delay	26.04.0-webkit-	10.0	16.04.0-moz-	6.13.1-webkit-	12.110.5-o-
transition-duration	26.04.0-webkit-	10.0	16.04.0-moz-	6.13.1-webkit-	12.110.5-o-
transition-property	26.04.0-webkit-	10.0	16.04.0-moz-	6.13.1-webkit-	12.110.5-o-
transition-timing-function	26.04.0-webkit-	10.0	16.04.0-moz-	6.13.1-webkit-	12.110.5-o-

7.2　实现过渡

想要实现过渡效果，就需要了解过渡是如何工作的，了解了它的工作原理之后再来使用它就轻而易举了，CSS3 过渡是元素从一种样式逐渐改变为另一种的效果。要实现这一点，必须规定两项内容：指定要添加效果的 CSS 属性；指定效果的持续时间。

■ 7.2.1　单项属性过渡

先做一个简单的单项属性过渡的案例，建立一个 div，然后为其添加 transition 属性，紧接着在 transition 属性的值里面写入想要改变的属性和改变时间即可。

小试身手：设置鼠标划过时元素运动 500px

设置单项属性过渡的代码如下：

```
<!DOCTYPE html>
<html lang="en">
<head>
<meta charset="UTF-8">
<title>Document</title>
<style>
div{
width: 200px;
height: 200px;
transition:width 2s;
}
.d1{
background: pink;
}
.d2{
background: lightblue;
}
.d3{
background: lightgreen;
}
div:hover{
width: 500px;
}
</style>
</head>
<body>
<div class="d1"></div>
<div class="d2"></div>
<div class="d3"></div>
</body>
</html>
```

代码运行结果如图 7-1 所示。

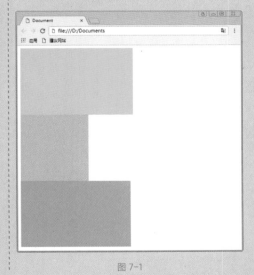

图 7-1

■ 7.2.2　多项属性过渡

与单项属性过渡类似的是，多项属性过渡其实也是一样的工作原理，只是在写法上略有不同，多项属性过渡的写法就是在写完第一个属性和过渡时间之后，随后无论添加多少个变化的属性，都是在逗号后直接再次写入过渡的属性名和过渡时间。

　　还有个一劳永逸的方法就是直接使用关键字 all 表示所有属性都会应用过渡，这样写有时会有危险。例如：想要第 1、2、3 种属性应用过渡效果，但是第 4 种属性不要应用上过渡效果，因为之前使用的是关键字 all 就无法取消了，所以使用关键字 all 时需要慎重。

小试身手：让元素运动时颜色也发生改变

多项属性过渡示例代码如下：

```
<!DOCTYPE html>
<html lang="en">
<head>
<meta charset="UTF-8">
<title>Document</title>
<style>
div{
width: 100px;
height: 100px;
margin:10px;
transition:width 2s,background 2s;
}
div:hover{
width: 500px;
background: blue;
}
.d1{
background: pink;
}
.d2{
background: lightblue;
}
.d3{
background: lightgreen;
}
span{
display:block;
width: 100px;
height: 100px;
background: red;
transition:all 2s;
margin:10px;
}
span:hover{
width: 600px;
background: blue;
}
</style>
</head>
<body>
<div class="d1"></div>
<div class="d2"></div>
<div class="d3"></div>
<span></span>
<span></span>
<span></span>
</body>
</html>
```

代码运行结果如图 7-2、图 7-3 所示。

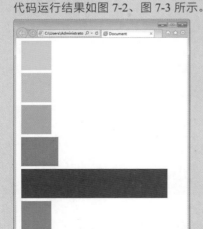
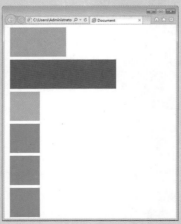

图 7-2　　　　　　　　　　图 7-3

■ 7.2.3 利用过渡设计电脑桌面

使用之前学过的关于 CSS3 的知识来模拟实现苹果桌面下方 DOCK 的缩放特效，这也是对 CSS3 转换和 CSS3 过渡的一个小的总结。本案例中使用了 div+css 布局等知识。

小试身手：制作流行的显示桌面

过渡的实际应用的代码如下：

```
<!DOCTYPE html>
<html lang="en">
<head>
<meta charset="UTF-8">
<title>transition 样式 3</title>
<style type="text/css">
body{
background:url('风景 .jpg') no-repeat;
background-size: 100% 1020px;/*100%
768px*/
}
#dock{
width: 100%;          position: fixed;
bottom: 10px;              t e x t - a l i g n :
center;
}
ul{
padding: 0;
margin: 0;
list-style-type: none;
}
ul li{
display: inline-block;
width: 50px;
height: 50px;
transition: margin 1s linear;
}
/* 鼠标移上去时的变化 */
ul li:hover{
margin-left: 25px;
margin-right: 25px;
/*z-index: 999;*/
}
ul li img{
width: 100%;
height: 100%;
```

```
transition: transform 1s linear;
transform-origin: bottom center;
}
ul li span{
display: none;
height:80px;
vertical-align: top;
text-align: center;
font:14px 宋体 ;
color:#ddd;
}
/* 鼠标移上去时图标的变化，放大 */
ul li:hover img{
transform: scale(2, 2);
}
ul li:hover span{
display: block;
}
</style>
</head>
<body>
<div id="dock">
<ul>
<li><span>ASTY</span><img src="img/
as.png"></li>
<li><span>Google</span><img src="img/
google.png" alt=""></li>
<li><span>Inst</span><img src="img/
in.png" alt=""></li>
<li><span>Nets</span><img src="img/nota.
png" alt=""></li>
<li><span>Zurb</span><img src="img/zurb.
png" alt=""></li>
<li><span>FACE</span><img src="img/
facebook.png" alt=""></li>
<li><span>OTH</span><img src="img/
```

```
as.png" alt=""></li>
<li><span>UYTR</span><img src="img/in.png" alt=""></li>
</ul>
</div>
</body>
</html>
```

代码运行结果如图 7-4 所示。

图 7-4

7.3 实现动画

CSS3 属性中有关于制作动画的三个属性：Transform,Transition,Animation。前面学习 Transform 和 Transition，对元素实现了一些基本的动画效果，但是这些还不能满足需求，它们都需要触发条件才能够表现出动画的效果。本节所要学习的动画可以不需要触发即可实现动画效果。

Animation 和 canvas 不同的是，Animation 是一个 CSS 属性，只能作用于页面中已经存在的元素上，而不是像在 canvas 中一样可以在画布中呈现动画效果。

想要使用 Animation 动画需要先了解 @keyframes，@keyframes 的意思是"关键帧"。在 Flash 中使用动画涉及关键帧的概念，CSS3 中的 @keyframes 也是如此。

CSS3 动画的解释：

- 动画是使元素从一种样式逐渐变化为另一种样式的效果。
- 可以改变任意多的样式、任意多的次数。
- 请用百分比来规定变化发生的时间，或用关键词 from 和 to，等同于 0% 和 100%。
- 0% 是动画的开始，100% 是动画的完成。
- 为了得到最佳的浏览器支持，应该始终定义 0% 和 100% 选择器。

7.3.1 浏览器支持情况

作为 CSS3 中的新增属性，需要了解其浏览器支持情况。从目前来看，CSS3 动画的支持情况还算理想，绝大多数浏览器都已完全支持 CSS3 动画了。只有 IE 支持的较晚，是从 IE10 版本开始真正支持 animation 属性，各大浏览器厂商对 CSS3 动画的支持情况，如表 7-3 所示。

表 7–3　各大浏览器厂商对 CSS3 动画的支持情况

属性	Chrome	IE	Firefox	SAFRAI	Opera
@keyframes	43.04.0-webkit-	10.0	16.05.0-moz-	9.04.0-webkit-	30.015.0-webkit-12.0-o-
animation	43.04.0-webkit-	10.0	16.05.0-moz-	9.04.0-webkit-	30.015.0-webkit-12.0-o-

注：表 7-3 中的数字表示支持该属性的第一个浏览器版本号。

紧跟在 -webkit-, -ms- 或 -moz- 前的数字为支持该前缀属性的第一个浏览器版本号。

7.3.2　动画属性

想要设计好动画就要了解其属性，下面讲解动画的属性。

（1）@keyframes

如果想要创建动画，就必须使用 @keyframes 规则。

- 创建动画是通过逐步改变从一个 CSS 样式设定到另一个。
- 在动画过程中，可以多次更改 CSS 样式的设定。
- 指定的变化发生时使用%，或关键字 from 和 to，这和 0% 到 100% 相同。
- 0% 是开头动画，100% 是当动画完成。
- 为了获得最佳的浏览器支持，应该始终定义为 0% 和 100% 的选择器。

（2）animation

除了 animation-play-state 属性以外，它是所以动画属性的简写属性。

语法描述：

animation: name duration timing-function delay iteration-count direction fill-mode play-state;

（3）animation-name

animation-name 属性为 @keyframes 动画规定名称。

语法描述：

animation-name: keyframename|none;

语法解释：

- Keyframename：规定需要绑定到选择器的 keyframes 的名称。
- None：规定无动画效果（可用于覆盖来自级联的动画）。

（4）animation-duration

animation-duration 属性定义动画完成一个周期需要多少秒或毫秒。

语法描述：

animation-duration: time;

（5）animation-timing-function

animation-timing-function 指定动画将如何完成一个周期。

速度曲线定义动画从一套 CSS 样式变为另一套所用的时间。

速度曲线用于使变化更为平滑。

语法描述：

animation-timing-function: value;

animation-timing-function 使用的数学函数，称为三次贝塞尔曲线，即速度曲线。使用此函数，可以使用自己的值或预先定义的值之一。

animation-timing-function 属性的值可以是以下几种：

- inear：动画从头到尾的速度是相同的。
- ease：默认，动画以低速开始，然后加快，在结束前变慢。
- ease-in：动画以低速开始。
- ease-out：动画以低速结束。
- ease-in-out：动画以低速开始和结束。
- cubic-bezier(n,n,n,n)：在 cubic-bezier 函数中自己的值。可能的数值是从 0 到 1。

（6）animation-delay

animation-delay 属性定义动画什么时候开始。

它的值的单位可以是秒（s）或毫秒（ms）。

（7）animation-iteration-count

animation-iteration-count 属性定义动画应该播放多少次，默认值为 1。

animation-iteration-count 属性的值可以有以下两种：

- n：一个数字，定义应该播放多少次动画。
- infinite：指定动画应该播放无限次（永远）。

（8）animation-direction

规定动画是否在下一周期逆向地播放。默认是 normal。

animation-direction 属性定义是否循环交替反向播放动画。

如果动画被设置为只播放一次，该属性将不起作用。

语法描述：

animation-direction: normal|reverse|alternate|alternate-reverse|initial|inherit;

animation-direction 属性的值可以是以下几种：

- normal：默认值。动画按正常播放。
- Reverse：动画反向播放。
- alternate：动画在奇数次（1、3、5...）正向播放，在偶数次（2、4、6...）反向播放。
- alternate-reverse：动画在奇数次（1、3、5...）反向播放，在偶数次（2、4、6...）正向播放。
- Initial：设置该属性为它的默认值。
- Inherit：从父元素继承该属性。

（9）animation-play-state

规定动画是否正在运行或暂停，默认是 running。

animation-play-state 属性指定动画是否正在运行或已暂停。

语法描述：

animation-play-state: paused|running;

animation-play-state 属性的值可以是以下两种：

- paused：指定暂停动画。
- running：指定正在运行的动画。

■ 7.3.3　实现动画效果

要创建 CSS3 动画，就不得不了解 @keyframes 规则。

@keyframes 规则是创建动画。在 @keyframes 规则内指定一个 CSS 样式和动画，并将逐步从目前的样式更改为新的样式。

当在 @keyframes 中创建动画，把它绑定到一个选择器，否则动画不会有任何效果。

指定至少这两个 CSS3 的动画属性绑定一个选择器：规定动画的名称；规定动画的时长，下面通过一个实例来帮助理解 CSS3 动画。

小试身手：@keyframes 规则的实际应用

制作动画的代码如下：

```
<!DOCTYPE html>
<html lang="en">
<head>
<meta charset="UTF-8">
<title>Document</title>
<style>
div{
width: 200px;
height: 200px;
background: blue;
animation:myAni 5s;
}
@keyframes myAni{
0%{margin-left: 0px;background: blue;}
50%{margin-left: 500px;background: red;}
100%{margin-left: 0px;background: blue;}
}
</style>
</head>
<body>
<div></div>
</body>
</html>
```

代码运行结果如图 7-5 所示。

图 7-5

再看一个案例，这次让元素旋转起来。

小试身手：使用 @keyframes 规则让元素旋转

代码如下：

```
<!DOCTYPE html>
<html lang="en">
<head>
```

```
<meta charset="UTF-8">
<title>Document</title>
<style>
.d1{
width: 200px;
height: 200px;
background: blue;
animation:myFirstAni 5s;
transform: rotate(0deg);
margin:20px;
}
@keyframes myFirstAni{
0%{margin-left: 0px;background:
blue;transform: rotate(0deg);}
50%{margin-left: 500px;background:
red;transform: rotate(720deg);}
100%{margin-left: 0px;background:
blue;transform: rotate(0deg);}
}
.d2{
width: 200px;
height: 200px;
background: red;
animation:mySecondtAni 5s;
transform: rotate(0deg);
margin:20px;
}
@keyframes mySecondtAni{
0%{margin-left: 0px;background:
red;transform: rotateY(0deg);}
50%{margin-left: 500px;background:
blue;transform: rotateY(720deg);}
100%{margin-left: 0px;background:
red;transform: rotateY(0deg);}
}
</style>
</head>
<body>
<div class="d1"></div>
<div class="d2"></div>
</body>
</html>
```

代码运行结果如图 7-6 所示。

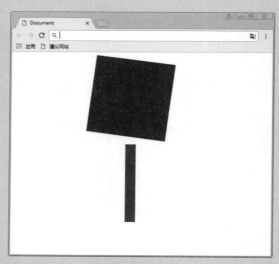

图 7-6

7.4 课堂练习

本章的课堂练习准备了一个在网页缓存时出现的经典动画——Loading，效果如图 7-7 所示。

图 7-7

图 7-7 所示的效果代码如下：

```
<!doctype html>
<html>
<head>
<meta charset="utf-8">
<title> 简单的 Loading 动画 </title>
<style type="text/css">
body{
    background: #a0a0a0;
}
.loader{
    margin: 100px auto 0;
}
/* 为了和刚才那些没用的 css 区分开来，
不要混到一起影响视线，
单独写在一个选择器里面 */
.loader{
    border: solid 12px #ddd;
    border-left-color: #167ede;
    border-radius: 50%;
    height: 120px;
    width: 120px;
    -webkit-animation: simple-loader 1.1s
infinite linear;
    animation: simple-loader 1.1s infinite
linear;
}
@-webkit-keyframes simple-loader{
  0% {
    -webkit-transform: rotate(0deg);
    transform: rotate(0deg);
  }
  100% {
    -webkit-transform: rotate(360deg);
    transform: rotate(360deg);
  }
}
@keyframes simple-loader{
  0% {
    -webkit-transform: rotate(0deg);
    transform: rotate(0deg);
  }
  100% {
    -webkit-transform: rotate(360deg);
    transform: rotate(360deg);
  }
}
</style>
</head>
<body>
    <div class="loader"></div>
</body>
</html>
```

强化训练

本章的强化练习为大家准备了当鼠标放到图片上时，图片自动放大的效果。

图 7-8 所示的是鼠标没有放到图片上的效果。

图 7-9 所示的是鼠标放到图片上的效果。

图 7-8

图 7-9

操作提示：

代码如下：

```
<!DOCTYPE html>
<html>
<head>
<meta charset="UTF-8">
<title></title>
<style type="text/css">
div{
width: 300px;
height: 300px;
border: #000 solid 1px;
margin: 50px auto;
overflow: hidden;
}
div img{
cursor: pointer;
transition: all 0.6s;
}
div img:hover{
transform: scale(2.3);
}
</style>
</head>
<body>
<div>
<img src="tupian.png" />
</div>
</body>
</html>
```

本章结束语

本章主要讲解了 CSS3 中的过渡属性和动画属性，包括了实现简单的单项过渡以及苹果桌面的模拟和制作动画太阳系。CSS3 的过渡功能使得开发者对 Web 的开发更加方便，技术瓶颈和壁垒更少。有了这一颠覆性的新技术，前端开发工作者直接使用 CSS 即可完成动画操作。CSS 不是编程语言，而是样式语言，写 CSS 时不需要逻辑运算。

CHAPTER 08
多彩的样式设计

本章概述 SUMMARY

CSS3 新特性带来了新的文本样式，这些文本样式为页面中的文本带来了新的活力，使其显得更加生动多彩。通过 CSS3，还能够创建圆角边框，向矩形添加阴影，使用图片来绘制边框，且不需使用设计软件，比如 PhotoShop。本章将讲解有关 CSS3 边框的知识。

■ 学习目标
掌握文本的样式，其中包括文本的阴影、溢出、换行等。
学习盒子阴影的使用方法。
掌握设计颜色样式的方法。

■ 课时安排
理论知识 1 课时。
上机练习 2 课时。

知识导图：

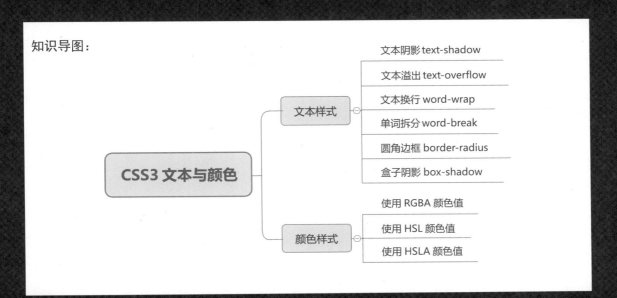

8.1 设置多彩的文本样式

在网页中，文本样式也能够突出网页设计的风格，一个好的网页设计也必然离不开文本和一些边框的酷炫样式，下面讲解如何进行设置。

■ 8.1.1 设置文本阴影

在 text-shadow 还没有出现时，设计网页中的阴影一般都是用 Photoshop，现在有了 CSS3，便可以直接使用 text-shadow 属性来指定阴影。这个属性有两个作用，产生阴影和模糊主体。这样在不使用图片时也能给文字增加质感。

text-shadow 属性向文本设置阴影。

text-shadow 属性向文本添加一个或多个阴影。该属性是逗号分隔的阴影列表，每个阴影用 2 个或 3 个长度值和一个可选的颜色值进行规定。省略的长度是 0。

text-shadow 属性拥有 4 个值，它们按照顺序排列分别是：

- h-shadow：必需。水平阴影的位置。允许负值。
- v-shadow：必需。垂直阴影的位置。允许负值。
- Blur：可选。模糊的距离。
- Color：可选。阴影的颜色。

通过一个案例来帮助理解 text-shadow 属性。

小试身手：设置文本的各种阴影效果

文本右下角阴影的设置代码如下：

```
<!DOCTYPE html>
<html lang="en">
<meta charset="UTF-8">
<title>Document</title>
<head>
<style>
p{
text-align:center;
font:bold 50px Helvetica, arial, sans-serif;
color:#999;
text-shadow:0.1em 0.1em #333;
}
</style>
</head>
<body>
<p> 德胜出品 </p>
</body>
</html>
```

代码的运行效果如图 8-1 所示。

图 8-1

text-shadow:0.1em 0.1em #333; 此段代码声明了右下角文本阴影效果，如果把投影设置到左上角，则按照下面的方法设置，示例如下：

```
<style type="text/css">
p{
text-shadow:-0.1em -0.1em #333;
}
</style>
```

代码的运行效果如图 8-2 所示。

图 8-2

同理，如果在文本左下角设置阴影，则可以设置如下样式，示例代码如下：

```
<style type="text/css">
p{
text-shadow:-0.1em 0.1em #333;
}
</style>
```

代码的运行效果如图 8-3 所示。

图 8-3

也可以增加模糊效果的阴影，示例代码如下：

```
<style type="text/css">
p{
text-shadow: 0.1em 0.1em 0.3em #333;
}
</style>
```

代码的运行效果如图 8-4 所示。

图 8-4

如果想要定义模糊阴影效果，示例代码如下：

```
<style type="text/css">
p{
text-shadow: 0.1em 0.1em 0.2em green;
}
</style>
```

代码的运行效果如图 8-5 所示。

图 8-5

知识拓展

　　text-shadow 属性的第一个值表示水平位移，第二个值表示垂直位移，正值为右或者偏下，负值为偏左或偏上，第三个值表示模糊半径，该值可选，第四个值表示阴影的颜色，该值可选。在阴影偏移之后，可以指定一个模糊半径。模糊半径是一个长度值，指出模糊效果的范围。计算模糊效果的具体方法并没有指定。在阴影效果的长度值之前或之后可以选择指定一个颜色值。颜色值是阴影效果的基础。如果没有指定颜色，就使用 color 属性值来替代。

　　灵活使用 text-shadow 属性，可以解决网页设计中很多实际问题，下面结合实例进行介绍。

（1）通过阴影增加前景色与背景色的对比度

小试身手：通过设置阴影让文字更突出

　　在这个示例中，通过阴影把文字颜色与背景颜色区分开来，让字体看起来更清晰，代码如下：

```
<!DOCTYPE html>
<html lang="en">
<meta charset="UTF-8">
<title>Document</title>
<head>
<style>
p{
text-align:center;
font:bold 50px helvetica, arial, sans-serif;
color:#fff;
text-shadow:#999 0.1em 0.1em 0.2em;
}
</style>
</head>
<body>
<p> 德胜之家 </p>
</body>
</html>
```

代码的运行效果如图 8-6 所示。

图 8-6

（2）定义多色阴影

　　text-shadow 属性可以接受一个以逗号分隔的阴影效果列表，并应用到该元素的文本上。阴影效果按照给定的顺序应用，因此有可能出现互相覆盖，但是它们不会覆盖文本本身，阴影效果不会改变边框的尺寸，但可能延伸到它的边界之外。阴影效果的堆叠层次和本身层次是一样的。

小试身手：多重阴影颜色效果

为红色文本定义 3 个不同颜色的阴影，示例代码如下：

```
<!DOCTYPE html>
<html lang="en">
<meta charset="UTF-8">
<title>Document</title>
<head>
<style>
p{
text-align:center;
font:bold 50px helvetica, arial, sans-serif;
color:red;
text-shadow: 0.2em 0.4em 0.1em #600,
-0.3em 0.1em 0.1em #060,
0.4em -0.3em 0.1em #006;
}
</style>
</head>
<body>
<p>HTML5+CSS3</p>
</body>
</html>
```

代码的运行效果如图 8-7 所示。

图 8-7

> **操作技巧**
>
> 当使用 text-shadow 属性定义多色阴影时，每个阴影效果必须指定阴影偏移，而模糊半径、阴影颜色是可选参数。

（3）制作火焰文字

小试身手：文字的火焰特效制作

借助阴影效果列表机制，可以使用阴影叠加出燃烧的文字特效，示例代码如下：

```
<!DOCTYPE html>
<html lang="en">
<meta charset="UTF-8">
<title>Document</title>
<head>
<style>
body{
background:#000;
}
p{
text-align:center;
font:bold 50px helvetica, arial, sans-serif;
color:green;
text-shadow: 0 0 4px white,
0 -5px 4px #ff3,
2px -10px 6px #fd3,
-2px -15px 11px #f80,
2px -25px 18px #f20;
}
</style>
</head>
<body>
<p> 德胜之家 </p>
</body>
</html>
```

代码的运行效果如图 8-8 所示。

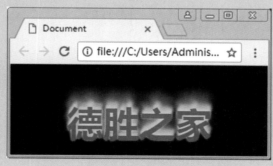

图 8-8

（4）设置立体文字

text-shadow 属性可以使用在 :first-letter 和 :first-line 伪元素上，同时还可以利用该属性设计立体文本。

小试身手：制作让文字立体显示的效果

使用阴影叠加出的立体文本特效代码如下：

```
<!DOCTYPE html>
```

```
<html lang="en">
<meta charset="UTF-8">
<title>Document</title>
<head>
<style>
body{
background:#000;
}
p{
text-align:center;
padding:24px
margin:0;
font: helvetica, arial, sans-serif;
font-size:75px;
font-weight:bold;
color:green;
background:#ccc;
text-shadow: -1px -1px white,
1px 1px #333;
```

```
}
</style>
</head>
<body>
<p> 德胜出品 </p>
</body>
</html>
```

代码的运行效果如图 8-9 所示。

图 8-9

通过左上和右下添加 1px 错位的补色阴影，营造出一种淡淡的立体效果。

（5）设置描边文字

text-shadow 属性还可以为文本描边，设计方法是分别为文本的 4 条边添加 1px 的实体阴影。

小试身手：给文字设置描边效果

text-shadow 属性用法的示例代码如下：

```
<!DOCTYPE html>
<html lang="en">
<meta charset="UTF-8">
<title>Document</title>
<head>
<style>
body{
background:#000;
}
p{
text-align:center;
padding:24px
margin:0;
font: helvetica, arial, sans-serif;
font-size:75px;
font-weight:bold;
color:white;
background:#ccc;
```

```
text-shadow: -1px 0 black,
0 1px black,
1px 0 black,
0 -1px black;
}
</style>
</head>
<body>
<p> 德胜出品 </p>
</body>
</html>
```

代码的运行效果如图 8-10 所示。

图 8-10

（6）文字外发光效果

设置阴影不发生位移，同时定义阴影模糊显示，这样可以模拟出文字外发光效果。

小试身手：让文字发光的效果

示例代码如下：

```
<!DOCTYPE html>
<html lang="en">
<meta charset="UTF-8">
<title>Document</title>
<head>
<style>
body{
background:#000;
}
p{
text-align:center;
padding:24px
margin:0;
font: helvetica, arial, sans-serif;
font-size:75px;
font-weight:bold;
color:#999;
```

```
background:#ccc;
text-shadow:0 0 0.2em #fff,
0 0 0.2em #fff;
}
</style>
</head>
<body>
<p> 德胜出品 </p>
</body>
</html>
```

代码的运行效果如图 8-11 所示。

图 8-11

■ 8.1.2 设置文本溢出

在编辑网页文本时经常会遇到文字太多超出容器的尴尬问题，CSS3 新特性中带来了解决方案。

text-overflow 属性规定了当文本溢出包含元素时发生的事情。

语法：

text-overflow: clip|ellipsis|string;

text-overflow 属性的值可以是以下几种：

- clip：修剪文本。
- Ellipsis：显示省略符号来代表被修剪的文本。
- String：使用给定的字符串来代表被修剪的文本。

下面通过一个案例帮助理解 text-overflow 属性。

小试身手：设置文本溢出效果

使用 text-overflow 属性的示例代码如下：

```
<!DOCTYPE html>
<html lang="en">
<meta charset="UTF-8">
<title>Document</title>
<head>
```

```
<style>
div.test{
white-space:nowrap;
width:12em;
overflow:hidden;
border:1px solid #000000;
}
div.test:hover{
text-overflow:inherit;
overflow:visible;
}
</style>
</head>
<body>
<p> 如果您把光标移动到下面两个 div 上，就能够看到全部文本。</p>
<p> 这个 div 使用 "text-overflow:ellipsis"：</p>
<div class="test" style="text-overflow:ellipsis;">This is some long text that will not fit in thebox</div>
<p> 这个 div 使用 "text-overflow:clip"：</p>
<div class="test" style="text-overflow:clip;">This is some long text that will not fit in the box</div>
</body>
</html>
```

代码运行效果如图 8-12 所示。

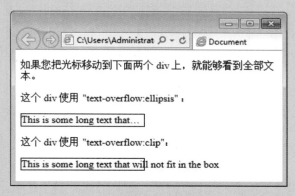

图 8-12

■ 8.1.3　给文本换行

在编辑网页文本时经常会遇到单词太长超出容器一行的尴尬问题，CSS3 新特性中带来了解决方案。

小试身手：文本换行的设置效果

word-wrap 属性允许长单词或 URL 地址换行到下一行，示例代码如下：

```
<!DOCTYPE html>
<html lang="en">
<meta charset="UTF-8">
<title>Document</title>
<head>
<style>
p.test{
width:11em;
border:1px solid #000000;
}
</style>
</head>
<body>
<p class="test">
This paragraph contains a very long word: thisisaveryveryveryveryveryverylongword. The long word
will break and wrap to the next line.
</p>
</body>
</html>
```

代码运行效果如图 8-13 所示。

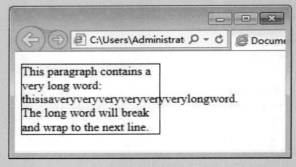

图 8-13

此时可以看见，一个长单词超出了容器的范围，解决方案如下：

```
word-wrap: break-word;
```

修改后的运行结果如图 8-14 所示。

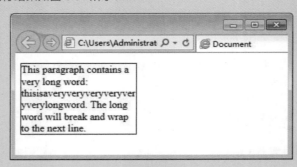

图 8-14

■ 8.1.4　把单词拆分

word-break 属性规定自动换行的处理方法。通过使用 word-break 属性，可以让浏览器实现在任意位置的换行。

word-break 属性的值可以是以下几种：

- normal：使用浏览器默认的换行规则。
- break-all：允许在单词内换行。
- keep-all：只能在半角空格或连接字符处换行。

word-break 属性和 word-wrap 属性都是关于自动换行的操作，它们之间有什么区别呢？通过案例来帮助理解两者的区别。

小试身手：拆分单词的方法展示

word-break 属性和 word-wrap 属性区分的代码如下：

```
<!DOCTYPE html>
<html lang="en">
<meta charset="UTF-8">
<title>Document</title><head>
<style>
p.test1{
width:11em;
border:1px solid #000000;
word-wrap: break-word;
}
p.test2{
width:11em;
border:1px solid #000000;
word-break:break-all;
}
</style>
</head>
<body>
<p class="test1">This is a veryveryveryveryveryveryveryveryveryvery long paragraph.</p>
<p class="test2">This is a veryveryveryveryveryveryveryveryveryvery long paragraph.</p>
</body>
</html>
```

代码的运行效果如图 8-15 所示。

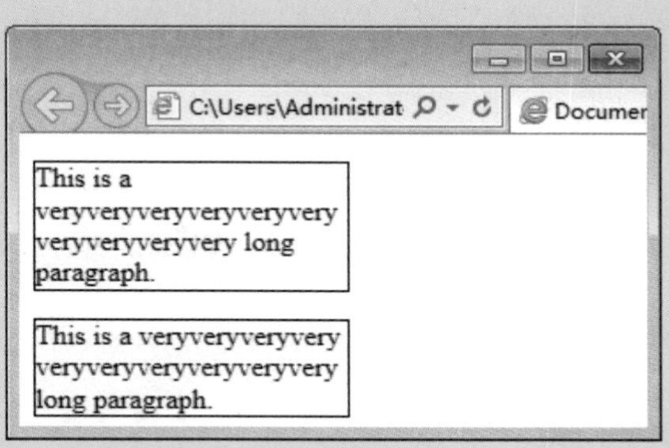

图 8-15

■ 8.1.5 设置圆角边框

border-radius 属性是一个简写属性，用于设置 4 个 border-*-radius 属性。其语法格式如下：

border-radius: 1-4 length|% / 1-4 length|%;

4 个 border-*-radius 属性按照顺序分别为：

- border-top-left-radius：左上。
- border-top-right-radius：右上。
- border-bottom-right-radius：右下。
- border-bottom-left-radius：左下。

在圆角边框属性出现之前，想要得到一个带有圆角边框的按钮，需要借助一些绘图软件才能完成，这样做的坏处有两点，第一是一个页面中的元素需要美工和前端两个人配合才能完成，大大降低了工作效率；第二是图片的大小要比几行代码大上很多，这样就造成了页面加载速度变慢，用户体验极其不好。

小试身手：扁平化按钮图标的制作

制作扁平化图标的代码如下：

```
<!DOCTYPE html>
<html lang="en">
<head>
<meta charset="UTF-8">
<title>Document</title>
<style>
body{
background: #ccc;
}
div{
width: 200px;
height: 50px;
margin:20px auto;
font-size: 30px;
line-height: 45px;
text-align: center;
color:#fff;
border:2px solid #fff;
border-radius: 10px;
}
</style>
</head>
<body>
<div> 扁平化图标 </div>
</body>
</html>
```

代码的运行效果如图 8-16 所示。

图 8-16

如此，就可以在不借助任何绘图软件的情况下完成一个酷炫的按钮了。当然圆角边框的作用远不止制作一个圆角按钮，它的更多用法还需进一步发掘。

■ 8.1.6 设置盒子阴影

前面的章节讲解了 CSS3 的文本阴影，同样的 CSS3 也带来了盒子阴影，利用盒子阴影可以制作出 3D 效果。

box-shadow 属性向框添加一个或多个阴影。

语法：

box-shadow: h-shadow v-shadow blur spread color inset;

box-shadow 向框添加一个或多个阴影。该属性是由逗号分隔的阴影列表，每个阴影由 2-4 个长度值、可选的颜色值以及可选的 inset 关键词来规定。省略长度的值是 0。

box-shadow 属性的值包含了以下几个：

- h-shadow：必需。水平阴影的位置。允许负值。
- v-shadow：必需。垂直阴影的位置。允许负值。
- blur：可选。模糊距离。
- spread：可选。阴影的尺寸。
- color：可选。阴影的颜色。
- inset：可选。将外部阴影 (outset) 改为内部阴影。

可以结合上一章节中的圆角边框按钮制作出一个炫酷的按钮，当然这个按钮是之前按钮的升级版。

小试身手：让扁平化图标看起来更酷

box-shadow 属性向框添加阴影的代码如下：

```
<!DOCTYPE html>
<html lang="en">
<head>
<meta charset="UTF-8">
<title>Document</title>
<style>
body{
background: #ccc;
}
div{
width: 200px;
height: 50px;
margin:30px auto;
font-size: 30px;
line-height: 45px;
text-align: center;
color:#fff;
border:5px solid #fff;
border-radius: 10px;
background: #f46;
cursor:pointer;
}
div:hover{
box-shadow: 0 10px 40px 5px #f46;
}
```

```
</style>
</head>
<body>
<div> 更酷的图标 </div>
</body>
</html>
```

代码的运行效果如图 8-17 所示。

图 8-17

8.2　页面中多彩颜色的设置

在 CSS3 之前，只能使用 RGB 模式定义颜色值，只能通过 opacity 属性设置颜色的不透明度。CSS3 增加了 3 种颜色值定义模式：RGBA 颜色值、HSL 颜色值和 HSLA 颜色值，通过对 RGBA 颜色值和 HSLA 颜色值设定 Alpha 通道的方法来更容易实现半透明文字与图像互相重叠的效果。

8.2.1　使用 HSL 颜色值

在 CSS3 中新增了 HSL 颜色表现方式。HSL 色彩模式是工业界的一种颜色标准，它通过对色调（H）、饱和度（S）和亮相（L）3 个颜色通道的变化以及它们互相之间的叠加来获得各种颜色。这个标准几乎包括了人类视觉所能感知的所有颜色，在屏幕上可以重现 16777216 种颜色，是目前运用最广的颜色系统之一。

在 CSS3 中，HSL 色彩模式的表示语法如下：

```
hsl(<length>,<percentage>,<percentage>)
```

hsl() 函数的 3 个参数说明如下：

- <length>：表示色调（Hue）。Hue 衍生与色盘，取值可以为任意数值，其中 0（或 360、-360）表示红色，60 表示黄色，120 表示绿色，180 表示青色，240 表示蓝色，300 表示洋红，当然可通过设置其他数值来确定不同颜色。
- <percentage>：表示饱和度（Saturation），也就是说该色彩被使用了多少，或者说颜色的深浅程度、鲜艳程度。取值为 0%~100% 之间的值。其中 0% 表示灰度，即没有使用该颜色；100% 饱和度最高，即颜色最艳。

- <percentage>：表示亮度（lightness）。取值为 0%~100% 之间的值，其中 0% 表示最暗，50% 表示均值，100% 表示最亮，显示为白色。

来设计一个颜色表，因为在网页设计中利用这种方法就可以根据网页需要选择最恰当的配送方案。

小试身手：设置网页中的颜色搭配表

示例代码如下：

```
<!DOCTYPE html>
<html lang="en">
<head>
<meta charset="UTF-8">
<title>Document</title>
<style type="text/css">
table {
    border:solid 1px red;
    background:#eee;
    padding:6px;
}
th {
    color:red;
    font-size:12px;
    font-weight:normal;
}
td {
    width:80px;
    height:30px;
}
tr:nth-child(4) td:nth-of-type(1) { background:hsl(0,100%,100%);}
tr:nth-child(4) td:nth-of-type(2) { background:hsl(0,75%,100%);}
tr:nth-child(4) td:nth-of-type(3) { background:hsl(0,50%,100%);}
tr:nth-child(4) td:nth-of-type(4) { background:hsl(0,25%,100%);}
tr:nth-child(4) td:nth-of-type(5) { background:hsl(0,0%,100%);}

tr:nth-child(5) td:nth-of-type(1) { background:hsl(0,100%,88%);}
tr:nth-child(5) td:nth-of-type(2) { background:hsl(0,75%,88%);}
tr:nth-child(5) td:nth-of-type(3) { background:hsl(0,50%,88%);}
tr:nth-child(5) td:nth-of-type(4) { background:hsl(0,25%,88%);}
tr:nth-child(5) td:nth-of-type(5) { background:hsl(0,0%,88%);}

tr:nth-child(6) td:nth-of-type(1) { background:hsl(0,100%,75%);}
tr:nth-child(6) td:nth-of-type(2) { background:hsl(0,75%,75%);}
tr:nth-child(6) td:nth-of-type(3) { background:hsl(0,50%,75%);}
tr:nth-child(6) td:nth-of-type(4) { background:hsl(0,25%,75%);}
tr:nth-child(6) td:nth-of-type(5) { background:hsl(0,0%,75%);}
```

```
tr:nth-child(7) td:nth-of-type(1) { background:hsl(0,100%,63%);}
tr:nth-child(7) td:nth-of-type(2) { background:hsl(0,75%,63%);}
tr:nth-child(7) td:nth-of-type(3) { background:hsl(0,50%,63%);}
tr:nth-child(7) td:nth-of-type(4) { background:hsl(0,25%,63%);}
tr:nth-child(7) td:nth-of-type(5) { background:hsl(0,0%,63%);}

tr:nth-child(8) td:nth-of-type(1) { background:hsl(0,100%,50%);}
tr:nth-child(8) td:nth-of-type(2) { background:hsl(0,75%,50%);}
tr:nth-child(8) td:nth-of-type(3) { background:hsl(0,50%,50%);}
tr:nth-child(8) td:nth-of-type(4) { background:hsl(0,25%,50%);}
tr:nth-child(8) td:nth-of-type(5) { background:hsl(0,0%,50%);}

tr:nth-child(9) td:nth-of-type(1) { background:hsl(0,100%,38%);}
tr:nth-child(9) td:nth-of-type(2) { background:hsl(0,75%,38%);}
tr:nth-child(9) td:nth-of-type(3) { background:hsl(0,50%,38%);}
tr:nth-child(9) td:nth-of-type(4) { background:hsl(0,25%,38%);}
tr:nth-child(9) td:nth-of-type(5) { background:hsl(0,0%,38%);}

tr:nth-child(10) td:nth-of-type(1) { background:hsl(0,100%,25%);}
tr:nth-child(10) td:nth-of-type(2) { background:hsl(0,75%,25%);}
tr:nth-child(10) td:nth-of-type(3) { background:hsl(0,50%,25%);}
tr:nth-child(10) td:nth-of-type(4) { background:hsl(0,25%,25%);}
tr:nth-child(10) td:nth-of-type(5) { background:hsl(0,0%,25%);}

tr:nth-child(11) td:nth-of-type(1) { background:hsl(0,100%,13%);}
tr:nth-child(11) td:nth-of-type(2) { background:hsl(0,75%,13%);}
tr:nth-child(11) td:nth-of-type(3) { background:hsl(0,50%,13%);}
tr:nth-child(11) td:nth-of-type(4) { background:hsl(0,25%,13%);}
tr:nth-child(11) td:nth-of-type(5) { background:hsl(0,0%,13%);}

tr:nth-child(12) td:nth-of-type(1) { background:hsl(0,100%,0%);}
tr:nth-child(12) td:nth-of-type(2) { background:hsl(0,75%,0%);}
tr:nth-child(12) td:nth-of-type(3) { background:hsl(0,50%,0%);}
tr:nth-child(12) td:nth-of-type(4) { background:hsl(0,25%,0%);}
tr:nth-child(12) td:nth-of-type(5) { background:hsl(0,0%,0%);}

</style>
</head>

<body>
<table class="hslexample">
  <tbody>
    <tr>
      <th> </th>
      <th colspan="5"> 色相： H=0 Red </th>
```

```html
    </tr>
    <tr>
      <th> </th>
        <th colspan="5"> 饱和度 (&rarr;)</th>
    </tr>
    <tr>
      <th> 亮度 (&darr;)</th>
      <th>100% </th>
      <th>75% </th>
      <th>50% </th>
      <th>25% </th>
      <th>0% </th>
    </tr>
    <tr>
      <th>100 </th>
      <td> </td>
      <td> </td>
      <td> </td>
      <td> </td>
      <td> </td>
    </tr>
    <tr>
      <th>88 </th>
      <td> </td>
      <td> </td>
      <td> </td>
      <td> </td>
      <td> </td>
    </tr>
    <tr>
      <th>75 </th>
      <td> </td>
      <td> </td>
      <td> </td>
      <td> </td>
      <td> </td>
    </tr>
    <tr>
      <th>63 </th>
      <td> </td>
      <td> </td>
      <td> </td>
      <td> </td>
      <td> </td>
    </tr>
    <tr>
      <th>50 </th>
      <td> </td>
      <td> </td>
      <td> </td>
      <td> </td>
      <td> </td>
    </tr>
    <tr>
      <th>38 </th>
      <td> </td>
      <td> </td>
      <td> </td>
      <td> </td>
      <td> </td>
    </tr>
    <tr>
      <th>25 </th>
      <td> </td>
      <td> </td>
      <td> </td>
      <td> </td>
      <td> </td>
    </tr>
    <tr>
      <th>13 </th>
      <td> </td>
      <td> </td>
      <td> </td>
      <td> </td>
      <td> </td>
    </tr>
    <tr>
      <th>0 </th>
      <td> </td>
      <td> </td>
      <td> </td>
      <td> </td>
      <td> </td>
    </tr>
  </tbody>
</table>
</body>
</html>
```

代码的运行效果如图 8-18 所示。

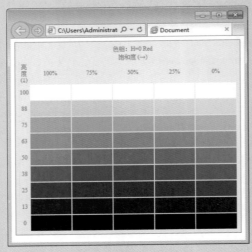

图 8-18

■ 8.2.2 使用 HSLA 颜色值

HSLA 色彩模式是 HSL 色彩模式的扩展，在色相、饱和度和亮度三个要素的基础上增加了不透明度参数，使用 HSLA 色彩模式可以定义不同的透明效果。

语法格式如下：

hsla(<length>,<percentage>,<percentage>,<opacity>)

其中前 3 个参数与 hsl() 函数参数定义和用法相同，第 4 个参数 <opacity> 表示不透明度，取值在 0~1 之间。

下面来设计渐变颜色，通过递减 HSLA 颜色值的不透明度来实现渐变色效果。

小试身手：制作颜色透明度的表现方式

使用 HSLA 色彩模式定义不同透明效果的代码如下：

```
<!DOCTYPE html>
<html lang="en">
<head>
<meta charset="UTF-8">
<title>Document</title>
<style type="text/css">
li { height: 18px; }
li:nth-child(1) { background: hsla(120,50%,50%,0.1); }
li:nth-child(2) { background: hsla(120,50%,50%,0.2); }
li:nth-child(3) { background: hsla(120,50%,50%,0.3); }
li:nth-child(4) { background: hsla(120,50%,50%,0.4); }
li:nth-child(5) { background: hsla(120,50%,50%,0.5); }
li:nth-child(6) { background: hsla(120,50%,50%,0.6); }
```

```
li:nth-child(7) { background: hsla(120,50%,50%,0.7); }
li:nth-child(8) { background: hsla(120,50%,50%,0.8); }
li:nth-child(9) { background: hsla(120,50%,50%,0.9); }
li:nth-child(10) { background: hsla(120,50%,50%,1); }
</style>
</head>

<body>
<ol>
  <li></li>
  <li></li>
  <li></li>
  <li></li>
  <li></li>
  <li></li>
  <li></li>
  <li></li>
  <li></li>
  <li></li>
</ol>
</body>

</html>
```

代码的运行，效果如图 8-19 所示。

图 8-19

8.3　课堂练习

　　本节的课堂练习是给表单的边框设置阴影效果，使其显示效果更好看。效果如图 8-20 所示。

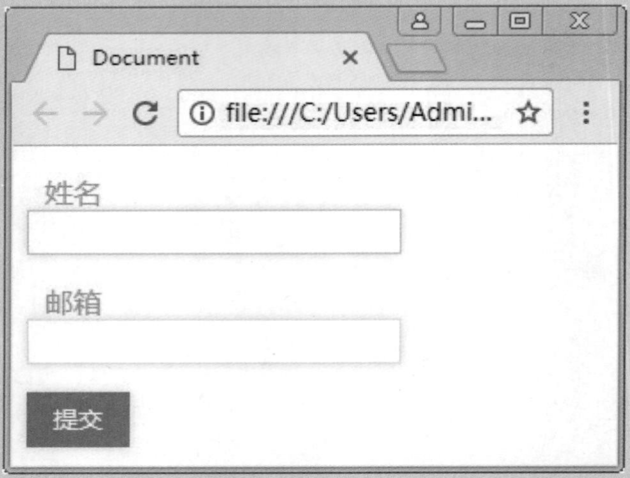

图 8-20

图 8-20 显示的效果是不是更加高大上？图 8-20 效果的代码如下：

```
<!DOCTYPE html>
<html lang="en">
<head>
<meta charset="UTF-8">
<title>Document</title>
<style type="text/css">
input, textarea {
    padding: 4px;
    border: solid 1px #E5E5E5;
    outline: 0;
    font: normal 13px/100% Verdana,
Tahoma, sans-serif;
    width: 200px;
    background: #FFFFFF;
    box-shadow: rgba(0, 0, 0, 0.1) 0px 0px
8px;
    -moz-box-shadow: rgba(0, 0, 0, 0.1) 0px
0px 8px;
    -webkit-box-shadow: rgba(0, 0, 0, 0.1) 0px
0px 8px;
}
input:hover, textarea:hover, input:focus,
textarea:focus { border-color: #C9C9C9; }
label {
    margin-left: 10px;
    color: #999999;
    display:block;
}
.submit input {
    width:auto;
    padding: 9px 15px;
    background: #617798;
    border: 0;
    font-size: 14px;
    color: #FFFFFF;
}
</style>
</head>
<body>
<form>
    <p class="name">
        <label for="name"> 姓名 </label>
            <input type="text" name="name"
id="name" />
    </p>
    <p class="email">
        <label for="email"> 邮箱 </label>
            <input type="text" name="email"
id="email" />
    </p>
    <p class="submit">
        <input type="submit" value=" 提交 " />
    </p>
</form>
</body>
</html>
```

强化训练

很多用户喜欢使用图形化的首页引导浏览者的视线，富有冲击力的画面，极少的文字说明，都能够让浏览者有一种继续探知的冲动。

此练习将模拟一个黑客网站的首页，借助 text-shadow 属性设计阴影效果，通过颜色的搭配，营造一种静谧神秘的氛围，使用两幅 PNG 图像对页面效果进行装饰和点缀，最后演示的效果如图 8-21 所示。

图 8-21

操作提示:

提示代码如下:

```
body {
    padding: 0px;
    margin: 0px;
    background: black;
    color: #666;
}
#text-shadow-box {
    position: relative;
    width: 598px;
    height: 406px;
    background: #666;
    overflow: hidden;
    border: #333 1px solid;
```

```
        }
        #text-shadow-box div.wall {
            position: absolute;
            width: 100%;
            top: 175px;
            left: 0px
        }
        #text {
            text-align: center;
            line-height: 0.5em;
            margin: 0px;
            font-family: helvetica, arial, sans-serif;
            height: 1px;
            color: #999;
            font-size: 80px;
            font-weight: bold;
            text-shadow: 5px -5px 16px #000;
        }
        div.wall div {
            position: absolute;
            width: 100%;
            height: 300px;
            top: 42px;
            left: 0px;
            background: #999;
        }
```

本章结束语

    本章讲解了有关 CSS3 的文本样式，包括文本阴影、文本换行等，CSS3 的新特性为处理页面文本又添加了新的武器。

    CSS3 中的边框属性，包括了圆角边框和盒子阴影以及边界边框。由于 CSS3 边框属性的使用，大大拓展了 Web 前端工程师的创作自由度。

CHAPTER 09
CSS3 用户的交互界面

本章概述 SUMMARY

无论是 HTML5，还是 CSS3，都是非常注重用户体验的，随着科技的日新月异，移动互联网将占据互联网的主流，所以 CSS3 提供了多媒体查询功能，在 CSS3 的新特性中专门分出了一块用于处理用户界面的操作，在以前的 Web 页面中，可由用户操作的部分很少，CSS3 为此专门做出了改进。

■ 学习目标
多媒体查询的语法和方法。
多媒体查询能做什么。
学习调整尺寸和方框大小以及修饰外形轮廓。
多列布局的使用方法。

■ 课时安排
理论知识 1 课时。
上机练习 2 课时。

知识导图：

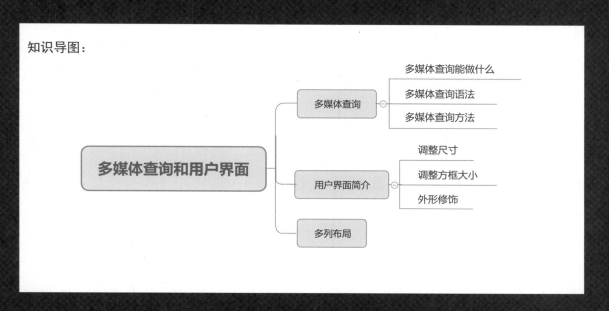

9.1 自适应显示效果

CSS3 多媒体查询根据设置自适应显示。媒体查询可用于检测很多项目，例如：viweport(视窗) 的宽度与高度；设备的高度与宽度；朝向 (智能手机横屏与竖屏)；分辨率。

使用 @media 查询，可以针对不同的媒体类型定义不同的样式。@media 可以针对不同的屏幕尺寸设置不同的样式，特别是如果需要设置响应式的页面，@media 是非常有用的。

■ 9.1.1 多媒体查询语法

多媒体查询的最大作用就是：使得 Web 页面能够很好地适配 PC 端与移动端的浏览器窗口。多媒体查询的语法为：

```
@media mediatype and|not|only (media feature) {
CSS-Code;
}
```

也可以通过不同的媒体使用不同的 CSS 样式表：

```
<link rel="stylesheet" media="mediatype and|not|only (media feature)" href="mystylesheet.css">
```

■ 9.1.2 多媒体查询方法

对浏览器窗口进行三次判断，分别是窗口大于 800px 时，窗口大于 500px 且小于 800px 时，窗口小于 500px 时，对于这三种情况都进行了相应的样式处理，通过一个案例来帮助理解多媒体查询的用法。

示例代码如下：

```
<!DOCTYPE html>
<html lang="en">
<head>
<meta charset="UTF-8">
<title>Document</title>
<style>
.d1{
background: pink;
}
.d2{
background: lightblue;
}
.d3{
background: yellowgreen;
}
.d4{
background: yellow;
}
```

```
@media screen and (min-width: 800px){          @media screen and (max-width: 500px){
.content{                                      .content{
width: 800px;                                  width: 100%;
margin:20px auto;                              column-count: 1;
}                                              }
.box{                                          .box{
width: 200px;                                  width: 100%;
height: 200px;                                 height: 100px;
float:left;                                    }
}                                              }
}                                              </style>
@media screen and (min-width: 500px) and       </head>
(max-width: 800px){                            <body>
.content{                                      <div class="content">
width: 100%;                                    <div class="box d1"></div>
column-count: 1;                               <div class="box d2"></div>
}                                              <div class="box d3"></div>
.box{                                          <div class="box d4"></div>
width: 50%;                                     </div>
height: 150px;                                 </body>
float:left;                                     </html>
}
}
```

窗口大于 800px 时的显示效果如图 9-1 所示。

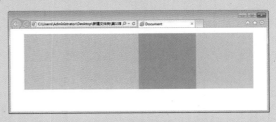

图 9-1

窗口大于 500px 且小于 800px 时显示效果如图 9-2 所示。

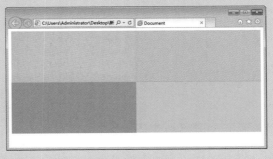

图 9-2

窗口小于 500px 时显示效果如图 9-3 所示。

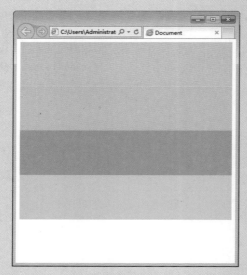

图 9-3

■ 9.1.3　自适应的导航栏

　　带领大家实现一个在 CSS3 的网页中常见的自适应导航栏的案例，通过制作自适应导航可以深度掌握 CSS3 中的 @media 规则。

　　示例代码如下：

```
<!DOCTYPE html>
<html lang="en">
<head>
<meta charset="UTF-8">
<title> 滑动菜单 </title>
<link rel="stylesheet" media="screen and (min-width:800px)" href="CSS/style1.css">
<link rel="stylesheet" media="screen and (min-width:500px) and (max-width:800px)" href="CSS/
style2.css">
<link rel="stylesheet" media="screen and (max-width:500px)" href="CSS/style3.css">
</head>
<body>
<nav>
<div class="home">
<i></i>
<span></span>
Home
</div>
<div class="services">
<i></i>
<span></span>
services
</div>
```

```
<div class="portfolio">
<i></i>
<span></span>
portfolio
</div>
<div class="blog">
<i></i>
<span></span>
blog
</div>
<div class="team">
<i></i>
<span></span>
The team
</div>
<div class="contact">
<i></i>
<span></span>
contact
</div>
</nav>
</body>
</html>
```

这次并没有把 CSS 样式直接写在 <style> 标签内，而是通过三个 <link> 标签引入了三个外部样式表，这三个外部样式表分别对应了浏览器窗口的三种状态，它们分别是当浏览器窗口大于 800px 时引用，当浏览器窗口大于 500px 且小于 800px 时引用，当浏览器窗口小于 500px 时引用。这三种外部样式表的内容分别是：

浏览器窗口大于 800px 时引用的样式表的代码如下：

```
*{margin:0;padding:0;}
nav{
width:80%;
max-width: 1200px;
height:200px;
margin:20px auto;
}
div{
width: 16.6%;
max-width: 200px;
height:200px;
background-color: #ccc;
float:left;
font-size: 20px;
color:#fff;
```

```
text-align: center;
text-transform: capitalize;
line-height: 320px;
transition:all 1s;
}
span{
display:block;
width: 70px;
height: 70px;
background-color: #eee;
margin:-100px auto;
border-radius: 35px;
}
i{
display:block;
width: 130px;
height: 130px;
background-color: rgba(255,255,255,0);
margin:0px auto;
border-radius: 65px;
transition:all 1s;
}
div:hover{
height:220px;
}
div:hover i{
transform:scale(0.5);
background-color: rgba(255,255,255,0.5)
}
.home{
background-color: #ee4499;
}
.services{
background-color: #ffaa99;
}
.portfolio{
background-color: #44ff88;
}
.blog{
background-color: #77ddbb;
}
.team{
background-color: #55ccff;
}
.contact{
background-color: #99ccff;
```

```
}
```

代码的运行效果如图 9-4 所示。

图 9-4

浏览器窗口大于 500px 且小于 800px
时引用样式表的代码如下：

```
*{margin:0;padding:0;}
body{}
nav{
width:90%;
min-width: 400px;
height:300px;
margin:0px auto;
/*min-width: 1000px;*/
}
div{
width:50%;
/* max-width: 300px;
min-width: 100px; */
height: 100px;
padding:15px;
background: red;
float:left;
text-align:center;
box-sizing: border-box;
}
span{
display:block;
width: 70px;
height: 70px;
background-color: #eee;
border-radius: 35px;
float:left;
/* position:absolute; */
}
.home{
background-color: #ee4499;
}
.services{
```

```
background-color: #ffaa99;
}
.portfolio{
background-color: #44ff88;
}
.blog{
background-color: #77ddbb;
}
.team{
background-color: #55ccff;
}
.contact{
background-color: #99ccff;
}
```

代码的运行效果如图 9-5 所示。

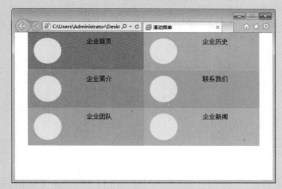

图 9-5

浏览器窗口小于 500px 时引用样式表的代码如下：

```
*{margin:0;padding:0;}
body{}
nav{
width:90%;
min-width: 400px;
height:300px;
margin:0px auto;
display:flex;
flex-wrap: wrap;
}
div{
width:100%;
height: 100px;
padding:15px;
background: red;
/*float:left;*/
```

```
text-align:center;
box-sizing: border-box;
}
span{
display:block;
width: 70px;
height: 70px;
background-color: #eee;
border-radius: 35px;
float:left;
/* position:absolute; */
}
.home{
background-color: #ee4499;
}
.services{
background-color: #ffaa99;
}
.portfolio{
background-color: #44ff88;
}
.blog{
background-color: #77ddbb;
}
.team{
background-color: #55ccff;
}
.contact{
background-color: #99ccff;
}
```

代码的运行效果如图 9-6 所示。

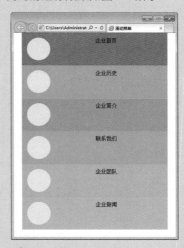

图 9-6

9.2 用户界面简介

在学习 CSS3 用户界面前先要了解什么是用户界面。传统的用户界面 (User Interface) 是指对软件的人机交互、操作逻辑、界面美观的整体设计。好的 UI 设计不仅是让软件有个性、有品位，还要让软件的操作变得舒适、简单、自由，并充分体现软件的定位和特点。

用户界面（User Interface，简称 UI，亦称使用者界面 [1]）是系统和用户之间进行交互和信息交换的媒介，它实现信息的内部形式与人类可以接受形式之间的转换。

在 CSS3 中，新的用户界面特性包括重设元素尺寸、盒子尺寸以及轮廓等。

■ 9.2.1 让用户自调尺寸

在原生的 HTML 元素当中很少有元素能够让用户自主去调节元素的尺寸（除了 textarea 元素）。用户不是专业开发人员，如果让他们随意变动页面的尺寸很容易发生布局错乱等问题，但需要用户自己去调节某些元素尺寸时，该如何做呢？答案就是通过 JavaScript 达到目的，但这样既对开发人员不够友好（代码很长，代码交互逻辑也很复杂），对用户来说也不够灵活，这样就出现了两边都不友好的情况。而 CSS3 提供了 resize 属性，就可以解决这一尴尬问题了。

在 CSS3，resize 属性规定是否可由用户调整元素尺寸。

语法描述：

resize: none|both|horizontal|vertical;

resize 属性的值可以是以下几种：

- none：用户无法调整元素的尺寸。
- both：用户可以调整元素的高度和宽度。
- horizontal：用户可以调整元素的宽度。
- vertical：用户可以调整元素的高度。

案例代码如下：

```
<!DOCTYPE html>
<html lang="en">
<head>
<meta charset="UTF-8">
<title>Document</title>
<style>
div{
width: 300px;
height: 200px;
border:1px solid red;
text-align: center;
font-size: 20px;
```

```
line-height: 200px;
margin:10px;
}
.d2{
resize: both;
overflow:auto;
}
</style>
</head>
<body>
<div class="d1"> 这是传统的 div 元素 </div>
<div class="d2"> 这是可以让用户自由调尺寸的 div</div>
</body>
</html>
```

代码的运行效果如图 9-7 所示。

图 9-7

■ 9.2.2　调整方框的大小

box-sizing 属性是 CSS3 的 BOX 属性之一。看见 BOX，相信很多人的第一反应是 box model。没错，box-sizing 属性和 box-model 的关系非同一般。box-sizing 属性是 BOX 属性之一，所以它也是遵循了盒子模型的原理的。

box-sizing 属性允许以特定的方式定义匹配某个区域的特定元素。

例如，需要并排放置两个带边框的框，可通过将 box-sizing 设置为"border-box"来实现。这可以让浏览器呈现出带有指定宽度和高度的框，并把边框和内边距放入框中。

语法描述：

 box-sizing: content-box|border-box|inherit;

box-sizing 的属性可以是以下几种：

（1）content-box

这是由 CSS2.1 规定的宽度高度行为。

宽度和高度分别应用到元素的内容框。

在宽度和高度之外绘制元素的内边距和边框。

（2）border-box

为元素设定的宽度和高度决定了元素的边框盒。

为元素指定的任何内边距和边框都将在已设定的宽度和高度内进行绘制。

通过从已设定的宽度和高度中分别减去边框和内边距才能得到内容的宽度和高度。

（3）inherit

规定应从父元素继承 box-sizing 属性的值。

需要关注第二个值——border-box 值的用法。例如，当在页面中需要手动画出一个按钮 div（200*50），在按钮中间有一个圆形的 div（30*30），现在需要让这个圆形的 div 居中于方形的按钮。传统的做法只能去设置圆形 div 的 margin，以达到让其居中的目的，这还要考虑到它的父级是否也有 margin 值，因为会产生外边距合并的问题，这样做起来要考虑的太多，不方便。

或者换一种思路，不对圆形 div 进行操作，而是让方形按钮拥有内边距，是否可以解决这个问题呢？

代码如下：

```
<!DOCTYPE html>
<html lang="en">
<head>

<meta charset="UTF-8">
<title>Document</title>
<style>
.btn{
width: 200px;
height: 50px;
border-radius: 10px;
background: #f46;
margin:10px;
position:relative;
}
.d2{
padding:10px 85px;
width: 30px;
height: 30px;
}
.circle{
width: 30px;
height: 30px;
border-radius: 15px;
background: #fff;
}
.c1{
top:10px;
left:85px;
position:absolute;
}
</style>
</head>
<body>
<div class="btn d1">
<div class="circle c1"></div>
</div>
<div class="btn d2">
<div class="circle c2"></div>
</div>
</body>
</html>
```

代码的运行效果如图 9-8 所示。

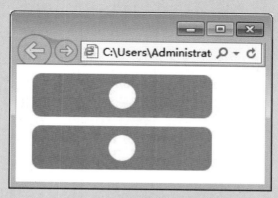

图 9-8

以上两种做法其实都是经过了二次计算的，尤其是第二种甚至改变了外部 div 的宽高属性值才得到一个想要的按钮，显然这两种做法都不够友好。但是如果使用 CSS3 用户界面新特性来做这个案例将会非常简单，不需要做二次计算，也不需要改变父级 div 的宽高属性就可以达到想要的效果了。

代码如下：

```
<!DOCTYPE html>
<html lang="en">
<head>
<meta charset="UTF-8">
<title>Document</title>
<style>
.btn{
width: 200px;
height: 50px;
border-radius: 10px;
background: #f46;
margin:10px;
position:relative;
}
.d2{
padding:10px 85px;
width: 30px;
height: 30px;
}
.circle{
width: 30px;
height: 30px;
border-radius: 15px;
background: #fff;
}
.c1{
top:10px;
left:85px;
position:absolute;
}
.d3{
box-sizing: border-box;
padding:10px 85px;
}
</style>
</head>
<body>
<div class="btn d1">
<div class="circle c1"></div>
</div>
<div class="btn d2">
<div class="circle"></div>
</div>
<div class="btn d3">
<div class="circle"></div>
</div>
</body>
</html>
```

代码的运行效果如图 9-9 所示。

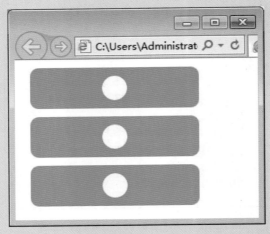

图 9-9

使用了 box-sizing 属性之后所得到的结果就是为外部的 div 设置了 padding 属性，但是这样做并没有改变外部 div 的宽高属性，只是成功地让内部的圆形 div 居中了。

9.2.3　修饰外形轮廓样式

outline-offset 属性对轮廓进行偏移，并在边框边缘进行绘制。

轮廓与边框有两个不同的方面：轮廓不占用空间；轮廓可能是非矩形。

示例代码如下：

```
<!DOCTYPE html>
<html lang="en">
<head>
<meta charset="UTF-8">
<title>Document</title>
<style>
div{
width: 200px;
height: 100px;
outline:2px solid black;
margin:60px;
}
.d1{
background: pink;
}
.d2{
background: greenyellow;
outline-offset: 10px;
}
</style>
</head>
<body>
```

```
<div class="d1"> 我的外轮廓没有被偏移 </div>
<div class="d2"> 我的外轮廓是被偏移的 </div>
</body>
</html>
```

代码的运行效果如图 9-10 所示。

图 9-10

■ 9.2.4 界面的多列布局

CSS3 提供了一个新属性——columns 用于进行多列布局。在这之前，有些排版用 CSS 动态实现是比较困难的。如竖版报纸布局，这在以前是很难实现的，比较稳妥的方法也是通过 JavaScript 来实现，但是操作非常烦琐。而拥有了 CSS3 的 columns 属性之后一切将会变得非常容易，这就是 CSS3 带来的多列布局。

多列布局在 Web 页面中的使用其实很频繁，常见的如瀑布流的照片背景墙，移动端的响应式布局。

CSS3 多列布局的相关属性如下：

- column-count：规定元素应该被划分的列数。
- column-gap：规定列之间的间隔。
- column-rule-style：规定列之间的样式规则。
- column-rule-width：规定列之间的宽度规则。
- column-rule-color：规定列之间的颜色规则。
- column-rule：是一个简写属性，用于设置所有 column-rule-* 属性。
- column-span：规定元素应横跨多少列。
- column-width：规定列的宽度。
- columns：是一个简写属性，用于设置列宽和列数。

案例代码如下：

```
<!DOCTYPE html>
<html lang="en">
<head>
<meta charset="UTF-8">
<title>Document</title>
```

```
<style>
div{
width: 800px;
border:1px solid red;
column-count: 3;
}
</style>
</head>
<body>
<div>
```

先帝创业未半而中道崩殂，今天下三分，益州疲弊，此诚危急存亡之秋也。然侍卫之臣不懈于内，忠志之士忘身于外者，盖追先帝之殊遇，欲报之于陛下也。诚宜开张圣听，以光先帝遗德，恢弘志士之气，不宜妄自菲薄，引喻失义，以塞忠谏之路也。

宫中府中，俱为一体，陟罚臧否，不宜异同。若有作奸犯科及为忠善者，宜付有司论其刑赏，以昭陛下平明之理，不宜偏私，使内外异法也。侍中、侍郎郭攸之、费祎、董允等，此皆良实，志虑忠纯，是以先帝简拔以遗陛下。愚以为宫中之事，事无大小，悉以咨之，然后施行，必得裨补阙漏，有所广益。

将军向宠，性行淑均，晓畅军事，试用之于昔日，先帝称之曰能，是以众议举宠为督。愚以为营中之事，悉以咨之，必能使行阵和睦，优劣得所

亲贤臣，远小人，此先汉所以兴隆也；亲小人，远贤臣，此后汉所以倾颓也。先帝在时，每与臣论此事，未尝不叹息痛恨于桓、灵也。侍中、尚书、长史、参军，此悉贞良死节之臣，愿陛下亲之信之，则汉室之隆，可计日而待也。臣本布衣，躬耕于南阳，苟全性命于乱世，不求闻达于诸侯。先帝不以臣卑鄙，猥自枉屈，三顾臣于草庐之中，咨臣以当世之事，由是感激，遂许先帝以驱驰。后值倾覆，受任于败军之际，奉命于危难之间，尔来二十有一年矣。

```
</div>
</body>
</html>
```

代码的运行效果如图 9-11 所示。

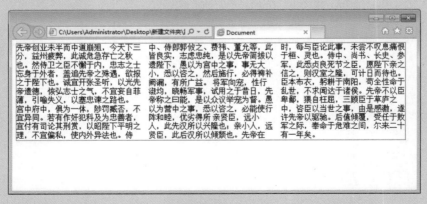

图 9-11

9.3 课堂练习

本节的课堂练习为大家准备了页面自适应的做法，请根据图 9-12 所示制作出相同的效果。

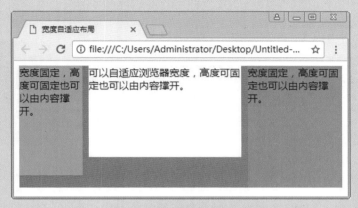

图 9-12

图 9-12 所示的效果代码如下：

```
<!DOCTYPE html>
<html>
  <head>
    <meta charset="utf-8" />
    <title> 宽度自适应布局 </title>
    <style>
      .wrap {
        background-color: #D66464;
      }
      .clearfix:after {
        content: "";
        clear: both;
        display: block;
      }
      .left {
        float: left;
        width: 100px;
        background:#9C3;
        height: 180px;
      }
      .right {
        float: right;
        width: 150px;
        background:#C93;
        height: 200px;
      }
      .center {
        background: #FFFFFF;
        margin-left: 110px;
        margin-right: 160px;
        height: 150px;
      }
    </style>
  </head>
  <body>
    <div class="wrap clearfix">
      <div class="left"> 宽度固定，高度可固定也可以由内容撑开。</div>
      <div class="right"> 宽度固定，高度可固定也可以由内容撑开。</div>
      <div class="center"> 可以自适应浏览器宽度，高度可固定也可以由内容撑开。</div>
    </div>
  </body>
</html>
```

强化训练

如今的网页设计都需要网页拥有自适应性，所以本章的强化练习是来做一个简单的自适应页面。效果如图 9-13 所示。

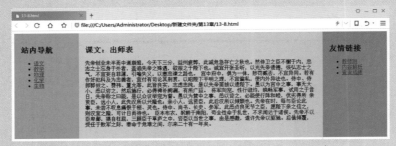

图 9-13

操作提示：

代码如下：

```css
<style type="text/css">
#container{
    display: -moz-box;
    display: -webkit-box;
}
#left-sidebar{
    width: 200px;
    padding: 20px;
    background-color: orange;
}
#contents{
    -moz-box-flex:1;
    -webkit-box-flex:1;
    padding: 20px;
    background-color: yellow;
}
#right-sidebar{
    width: 200px;
    padding: 20px;
    background-color: limegreen;
}
#left-sidebar, #contents, #right-sidebar{
    -moz-box-sizing: border-box;
    -webkit-box-sizing: border-box;
}
</style>
```

本章结束语

通过本章的学习，对媒体的查询和用户界面的设计有了一定的了解，讲解了多媒体查询能做什么，多媒体查询的语法和用户界面设计，最后通过示例具体讲解了这些知识的应用。

CHAPTER 10
弹性盒子模型

本章概述 SUMMARY

盒子模型使得 div+css 布局在 Web 页面当中如鱼得水，传统的盒子模型几乎可以满足任何 PC 端的页面布局需求，但在今天的移动互联网时代，传统的 div+css 布局已不能满足移动端的页面需求。CSS3 带来了弹性盒子，这种盒子模型不仅可以在 PC 端完成布局，还可以在移动端进行，布局。

■ 学习目标
掌握 CSS 中的盒子边距设置。
了解 CSS3 弹性盒子对浏览器的支持情况。
学会弹性盒子的内容即对子父集容器的设置。

■ 课时安排
理论知识 1 课时。
上机练习 2 课时。

知识导图：

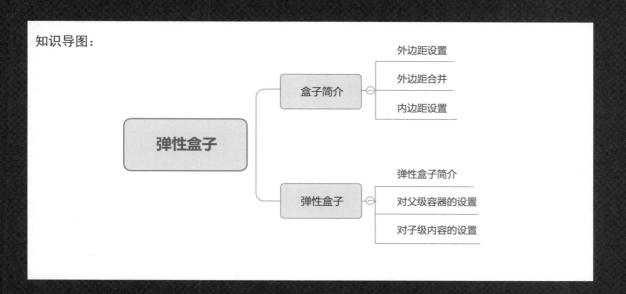

10.1　盒子模型

对盒子模型最常用的操作就是使用内外边距，同时这也是 div+css 布局中最经典的操作。

■ 10.1.1　盒子简介

网页设计中常见的属性名包括：内容 (content)、填充 (padding)、边框 (border)、边界 (margin)，CSS 盒子模型也具备这些属性。

盒子模型的示意图如图 10-1 所示。

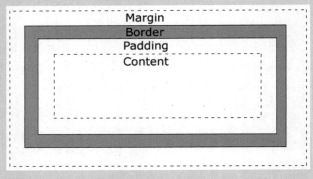

图 10-1

■ 10.1.2　外边距设置

设置外边距最简单的方法就是使用 margin 属性。margin 边界环绕在该元素的 content 区域四周，如果 margin 的值为 0，则 margin 边界与 border 边界重合。这个简写属性设置一个元素所有外边距的宽度，或者设置各边外边距的宽度。

该属性接受任何长度单位，可以是像素、毫米、厘米和 em 等，也可以设置为 auto（自动）。常见做法是为外边距设置长度值，允许使用负值（见表 10-1）。

表 10-1　外边距属性

属性	定义
Margin	简写属性。在一个声明中设置所有的外边距属性
margin-top	设置元素的上边距
margin-right	设置元素的右边距
margin-bottom	设置元素的下边距
margin-left	设置元素的左边距

下面通过一个实例来了解 margin 属性。

小试身手：margin 属性的实际应用

margin 属性的代码如下：

```
<!DOCTYPE html>
<html lang="en">
```

```
<head>
<meta charset="UTF-8">
<title>Document</title>
<style>
div{
width: 100px;
height: 100px;
border:5px red solid;
}
.d2{
margin-top: 20px;
margin-right: auto;
margin-bottom: 80px;
margin-left: 60px;
}
</style>
</head>
<body>
<div class="d1"></div>
<div class="d2"></div>
<div class="d3"></div>
</body>
</html>
```

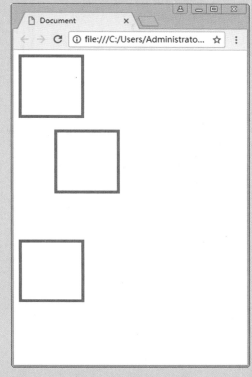

图 10-2

代码的运行效果如图 10-2 所示。

外边距除了这样简单的使用之外，还可以利用外边距对块级元素进行水平居中的操作。具体实现思路就是只需要让左右边距自动即可。

小试身手：让元素水平居中的方法

块元素的水平居中代码如下：

```
<!DOCTYPE html>
<html lang="en">
<head>
<meta charset="UTF-8">
<title>Document</title>
<style>
div{
width: 100px;
height: 100px;
border:2px green solid;
}
.d2{
margin:20px auto;
}
.d3{
```

```
        width: 400px;
        height: 300px;
    }
    .d4{
        margin:10px auto;
    }
</style>
</head>
<body>
<div class="d1"></div>
<div class="d2"></div>
<div class="d3"></div>
<div class="d4"></div>
</div>
</body>
</html>
```

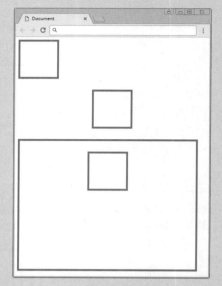

图 10-3

代码的运行效果如图 10-3 所示。

这段代码设置了第二个 div，以进行页面的居中显示，在第三个 div 中又嵌套了一个 div，并设置了居中操作。

■ 10.1.3　外边距合并

外边距合并（叠加）是一个相当简单的概念。但在对网页进行布局时，它会造成许多混淆。

简单地说，外边距合并指的是当两个垂直外边距相遇时，它们将形成一个外边距。合并后的外边距的高度等于两个发生合并的外边距的高度中的较大者。

当一个元素出现在另一个元素上面时，第一个元素的下外边距与第二个元素的上外边距会发生合并。如图 10-4 所示。

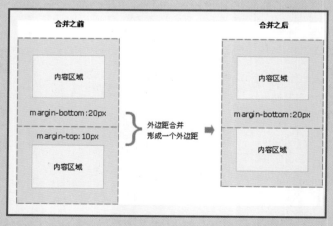

图 10-4

当一个元素包含在另一个元素中时（假设没有内边距或边框把外边距分隔开），它们

的上 / 或下外边距也会发生合并。如图 10-5 所示。

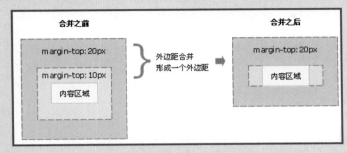

图 10-5

尽管看上去有些奇怪，但是外边距可以与自身发生合并。

假设有一个空元素，它有外边距，但是没有边框或填充。在这种情况下，上外边距与下外边距就碰到了一起，它们会发生合并。

小试身手：两个元素的合并操作

外边距合并的代码如下：

```html
<!DOCTYPE html>
<html lang="en">
<head>
<meta charset="UTF-8">
<title>Document</title>
<style>
.container{
width: 300px;
height: 300px;
margin:50px;
background: pink;
}
.content{
width: 150px;
height: 150px;
margin:30px;
background: green;
}
</style>
</head>
<body>
<div class="container">
<div class="content"></div>
</div>
</body>
</html>
```

代码的运行效果如图 10-6 所示。

图 10-6

以上代码中对容器 div 和内容 div 分别设置了外边距，但是父级 div 的边距要大于子级 div 的边距，这时它们的外边距便出现了合并的现象。其实在页面布局当中是不希望发生这种外边距合并的现象的，尤其是在父级元素与子级元素产生外边距合并时。下面通过一个简单的小技巧来消除外边距带来的困扰。

小试身手：解决外边距合并的设置

消除外边距合并的代码如下：

```
<!DOCTYPE html>
<html lang="en">
<head>
<meta charset="UTF-8">
<title>Document</title>
<style>
.container{
width: 500px;
height: 500px;
margin:50px;
background: pink;
border:1px solid blue;
}
.content{
width: 200px;
height: 200px;
margin:30px;
background: green;
}
</style>
</head>
<body>
```

```
<div class="container">
<div class="content"></div>
</div>
</body>
</html>
```

代码的运行效果如图 10-7 所示。

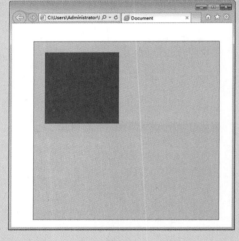

图 10-7

这段代码只是给父级容器添加了一个 1px 的边框，就解决了外边距合并的问题，是不是很简单？

> **知识拓展**
>
> 外边距合并的现象其实也是有其必要性的。p 标签段落元素与生俱来就是拥有上下 8px 外边距的，因为外边距的合并也是使得一系列的段落元素占用空间非常小的原因，因为它们所有的外边距都合并到一起，形成了一个小的外边距。

外边距合并初看上去可能有点奇怪，但实际上它是有意义的。以由几个段落组成的典型文本页面为例。第一个段落上面的空间等于段落的上外边距。如果没有外边距合并，后续所有段落之间的外边距都将是相邻上外边距和下外边距的和。这意味着段落之间的空间是页面顶部的两倍。如果发生外边距合并，段落之间的上外边距和下外边距就合并在一起，这样各处的距离就一致了。

10.1.4　内边距设置

元素的内边距在边框和内容区之间。控制该区域最简单的属性是 padding 属性。padding 属性定义元素边框与元素内容之间的空白区域。

padding 属性：定义元素的内边距；接受长度值或百分比值，但不允许使用负值。

例如，如果希望所有 h1 元素的各边都有 10 像素的内边距，可进行如下设置：

h1 {padding: 10px;}

还可以按照上、右、下、左的顺序分别设置各边的内边距，各边均可以使用不同的单位或百分比值：

h1 {padding: 10px 0.25em 2ex 20%;}

单边内边距属性，也通过使用下面 4 个单独的属性，分别设置上、右、下、左内边距，下面规则的实现效果与上面的简写规则完全相同。

```
h1 {
padding-top: 10px;
padding-right: 0.25em;
padding-bottom: 2ex;
padding-left: 20%;
}
```

前面提到过，可以为元素的内边距设置百分数值，百分数值是相对于其父元素的 width 计算的，这一点与外边距一样。所以，如果父元素的 width 改变，它们也会改变。

下面这条规则把段落的内边距设置为父元素 width 的 10%：

p {padding: 10%;}

10.2　弹性盒子

弹性盒子由弹性容器 (Flex container) 和弹性盒子元素 (Flex item) 组成，它是通过设置 display 属性的值为 flex 或 inline-flex 将其定义为弹性容器。弹性容器内包含了一个或多个弹性子元素。弹性盒子只定义了弹性子元素如何在弹性容器内布局，弹性子元素通常在弹性盒子内一行显示，默认情况下，每个容器只有一行。

10.2.1　弹性盒子基础

弹性盒子是 CSS3 的一种新的布局模式。CSS3 弹性盒子（Flexible Box 或 flexbox），是一种当页面需要适应不同的屏幕大小以及设备类型时确保元素拥有恰当的行为的布局方式。引入弹性盒子布局模型的目的是提供一种更加有效的方式来对一个容器中的子元素进行排列、对齐和分配空白空间。

传统的 div+css 布局方案是依赖于盒子模型的，基于 display 属性，如果需要还会用上 position 属性和 float 属性。但是这些属性想要应用于特殊布局非常困难例如垂直和居中，另外这些属性对于新手来说也很不友好，很多新手都弄不清楚 absolute 和 relative 的区别，以及它们应用于元素时这些元素的 top、left 等值到底是相对于页面还是父级元素来进行定位的。

在 2009 年，W3C 提出了一种新的方案——Flex 布局。Flex 布局可以更加简便地、完整地实现各种页面布局方案。Flex，单从单词的字面来看是收缩的意思，但是在 CSS3 当中却有弹性的意思。flex-box：弹性盒子，用于给盒子模型以最大的灵活性。而任何一个容器都可以设置成一个弹性盒子，但是需要注意的是，设为 Flex 布局以后，子元素的 float、clear 和 vertical-align 属性将失效。

■ 10.2.2　对父级容器的设置

可以通过对父级元素进行一系列的设置，从而起到约束子级元素排列布局的目的。可以对父级元素设置的属性有以下几种：

（1）flex-direction

flex-direction 属性规定灵活项目的方向（见表 10-2）。

注意：如果元素不是弹性盒对象的元素，则 flex-direction 属性不起作用。

CSS 语法：

flex-direction: row|row-reverse|column|column-reverse|initial|inherit;

表 10-2　flex-direction 属性的值

值	描述
row	默认值。灵活的项目将水平显示，正如一个行一样
row-reverse	与 row 相同，但是以相反的顺序显示
column	灵活的项目将垂直显示，正如一个列一样
column-reverse	与 column 相同，但是以相反的顺序
initial	设置该属性为它的默认值
inherit	从父元素继承该属性

小试身手：规定项目的方向的设置

设置项目的方向代码如下：

```
<!DOCTYPE html>
<html lang="en">
<head>
<meta charset="UTF-8">
<title>Document</title>
<style>
.container{
width: 1200px;
height: 200px;
border:5px green solid;
}
```

```
.content{
width: 100px;
height: 100px;
background: lightpink;
color:#fff;
font-size: 50px;
text-align: center;
line-height: 100px;
}
</style>
</head>
<body>
<div class="container">
<div class="content">1</div>
<div class="content">2</div>
<div class="content">3</div>
<div class="content">4</div>
<div class="content">5</div>
</div>
</body>
</html>
```

此时，并没有对父级 div 元素做任何关于弹性盒子布局的设置，所以得到的结果也是正常结果，如图 10-8 所示。

图 10-8

知识拓展

在传统布局中，如果对需要的子级 div 进行横向排列，大多都会使用 float 属性，但众所周知，float 属性会改变元素的文档流，有时甚至会造成"高度塌陷"的后果，所以使用起来很不方便。但如果使用 flex-direction 属性来布局的话，则会变得非常简单。

CSS 代码如下：

```
display: flex;
```

代码的运行效果如图 10-9 所示。

图 10-9

（2）justify-content

内容对齐（justify-content）属性应用在弹性容器上，把弹性项沿着弹性容器的主轴线（main axis）对齐。

语法描述：

```
justify-content: flex-start | flex-end | center | space-between | space-around
```

justify-content 属性的值有以下几种：

- flex-start：默认值。项目位于容器的开头。弹性项目向行头紧挨着填充。这个是默认值。第一个弹性项的 main-start 外边距边线被放置在该行的 main-start 边线，而后续弹性项依次平齐摆放。
- flex-end：项目位于容器的结尾。弹性项目向行尾紧挨着填充。第一个弹性项的 main-end 外边距边线被放置在该行的 main-end 边线，而后续弹性项依次平齐摆放。
- center：项目位于容器的中心。弹性项目居中紧挨着填充（如果剩余的自由空间是负的，则弹性项目将在两个方向上同时溢出）。
- space-between：项目位于各行之间留有空白的容器内。弹性项目平均分布在该行上。如果剩余空间为负或者只有一个弹性项，则该值等同于 flex-start。否则，第 1 个弹性项的外边距和行的 main-start 边线对齐，而最后 1 个弹性项的外边距和行的 main-end 边线对齐。剩余的弹性项分布在该行上，相邻项目的间隔相等。
- space-around：项目位于各行之前、之间、之后都留有空白的容器内。弹性项目平均分布在该行上，两边留有一半的间隔空间。如果剩余空间为负或者只有一个弹性项，则该值等同于 center。否则，弹性项目沿该行分布，且彼此间隔相等（比如是 20px），同时首尾两边和弹性容器之间留有一半的间隔（1/2*20px=10px）。
- initial：设置该属性为它的默认值。
- inherit：从父元素继承该属性。

小试身手：内容对齐属性的应用方法

内容对齐的默认值的示例代码如下：

```
<!DOCTYPE html>                              height: 100px;
<html lang="en">                             background: lightpink;
<head>                                       color:#fff;
<meta charset="UTF-8">                       font-size: 50px;
<title>Document</title>                      text-align: center;
<style>                                      line-height: 100px;
.container{                                  }
width: 1200px;                               </style>
height: 800px;                               </head>
border:5px red solid;                        <body>
display:flex;                                <div class="container">
justify-content: flex-start;                 <div class="content">1</div>
justify-content: flex-end;                   <div class="content">2</div>
justify-content: center;                     <div class="content">3</div>
justify-content: space-between;              <div class="content">4</div>
justify-content: space-around;               <div class="content">5</div>
}                                            </div>
.content{                                    </body>
width: 100px;                                </html>
```

代码的运行结果如图 10-10 所示。

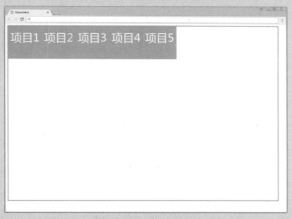

图 10-10

（3）align-items

align-items 设置或检索弹性盒子元素在侧轴（纵轴）方向上的对齐方式。

语法描述：

align-items: flex-start | flex-end | center | baseline | stretch

align—items 属性的值有以下几种：

- flex-start：弹性盒子元素的侧轴（纵轴）起始位置的边界紧靠住该行的侧轴起始边界。
- flex-end：弹性盒子元素的侧轴（纵轴）起始位置的边界紧靠住该行的侧轴结束边界。

- center：弹性盒子元素在该行侧轴（纵轴）上的居中放置（如果该行的尺寸小于弹性盒子元素的尺寸，则会向两个方向溢出相同的长度）。
- baseline：如弹性盒子元素的行内轴与侧轴为同一条，则该值与'flex-start'等效。在其他情况下，该值将参与基线对齐。
- stretch：如果指定侧轴大小的属性值为'auto'，则其值会使项目的边距盒的尺寸尽可能接近所在行的尺寸，但同时会遵循' min/max-width/height' 属性的限制。

小试身手：检索弹性盒子元素对齐方式

align-items 属性的使用示例代码如下所示。

```html
<!DOCTYPE html>
<html lang="en">
<head>
<meta charset="UTF-8">
<title>Document</title>
<style>
.container{
width: 1200px;
height: 500px;
border:5px red solid;
display:flex;
justify-content: space-around;
align-items: flex-start;
}
.content{
width: 100px;
height: 100px;
background: lightpink;
color:#fff;
font-size: 50px;
text-align: center;
line-height: 100px;
}
.c1{
height: 100px;
}
.c2{
height: 150px;
}
.c3{
height: 200px;
}
.c4{
height: 250px;
}
.c5{
height: 300px;
}
</style>
</head>
<body>
<div class="container">
<div class="content c1">1</div>
<div class="content c2">2</div>
<div class="content c3">3</div>
<div class="content c4">4</div>
<div class="content c5">5</div>
</div>
</body>
</html>
```

代码的运行结果如图 10-11 ～图 10-15 所示。

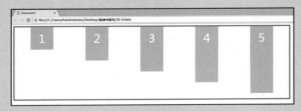

图 10-11（默认值 flex-start）

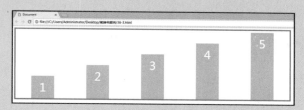

图 10-12（flex-end）

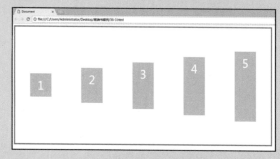

图 10-13（center）

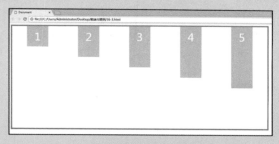

图 10-14（baseline）

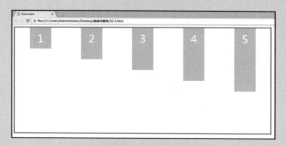

图 10-15（stretch）

（4）flex-wrap

flex-wrap 属性规定 flex 容器是单行或者多行，同时横轴的方向决定了新行堆叠的方向。
语法描述：

flex-wrap: nowrap|wrap|wrap-reverse|initial|inherit;

flex-wrap 属性的值有以下几种：

- nowrap-：默认情况下，弹性容器为单行。该情况下弹性子项可能会溢出容器。

- wrap-：弹性容器为多行。该情况下，弹性子项溢出的部分会被放置到新行，子项内部会发生断行。
- wrap-reverse-：反转 wrap 排列。

小试身手：显示单行或者多行的效果

flex-wrap 属性用法的代码如下：

```
<!DOCTYPE html>
<html lang="en">
<head>
<meta charset="UTF-8">
<title>Document</title>
<style>
.container{
width: 500px;
height: 500px;
border:5px red solid;
display:flex;
justify-content: space-around;
flex-wrap: nowrap;
}
.content{
width: 100px;
height: 100px;
background: lightpink;
color:#fff;
font-size: 50px;
text-align: center;
line-height: 100px;
}
</style>
</head>
<body>
<div class="container">
<div class="content">1</div>
<div class="content">2</div>
<div class="content">3</div>
<div class="content">4</div>
<div class="content">5</div>
<div class="content">6</div>
<div class="content">7</div>
<div class="content">8</div>
<div class="content">9</div>
<div class="content">10</div>
```

```
</div>
</body>
</html>
```

代码的运行效果如图 10-16 所示。

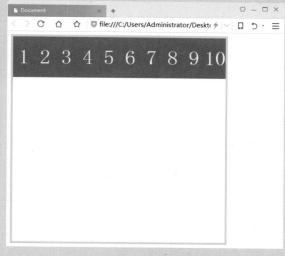

图 10-16

通过以上代码运行结果可以看出，在默认属性值 nowrap 的作用下，即便是内容已经完全被压缩了，也不会进行换行操作，所以希望内容正常地在容器内显示，可以添加 CSS 代码。

添加的 CSS 代码如下：

```
flex-wrap: wrap;
```

代码的运行效果如图 10-17 所示。

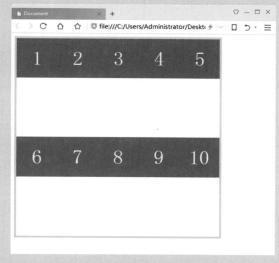

图 10-17

若元素不是弹性盒子对象的元素，则 flex-wrap 属性不起作用。

（5）align-content

align-content 属性用于修改 flex-wrap 属性的行为。类似于 align-items，但它不是设置弹性子元素的对齐，而是设置各个行的对齐。

语法描述：

align-content: flex-start | flex-end | center | space-between | space-around | stretch

aligm-content 属性的值有以下几种：

- flex-start：各行向弹性盒容器的起始位置堆叠。
- flex-end：各行向弹性盒容器的结束位置堆叠。
- center：各行向弹性盒容器的中间位置堆叠。
- space-between：各行在弹性盒容器中平均分布。
- space-around：各行在弹性盒容器中平均分布，两端保留子元素与子元素之间间距大小的一半。
- stretch：默认。各行将会伸展以占用剩余空间。

10.2.3 对子级内容的设置

flex-box 布局不仅是对父级容器的设置，对于子级元素也可以设置它们的属性，本节介绍的属性是 flex（用于指定弹性子元素如何分配空间）和 order（用整数值来定义排列顺序，数值小的排在前面）。

（1）flex

flex 属性用于设置或检索弹性盒子模型对象的子元素如何分配空间，是 flex-grow、flex-shrink 和 flex-basis 属性的简写属性。

语法描述：

flex: flex-grow flex-shrink flex-basis|auto|initial|inherit;

flex 属性值的解释如下：

- flex-grow：一个数字，规定项目相对于其他灵活的项目进行扩展的量。
- flex-shrink：一个数字，规定项目相对于其他灵活的项目进行收缩的量。
- flex-basis：项目的长度。合法值：auto、inherit 或一个后跟 %、px、em 或任何其他长度单位的数字。
- auto：与 11 auto 相同。
- initial：设置该属性为它的默认值，即为 01 auto。
- inherit：从父元素继承该属性。

小试身手：检索盒子对象的子元素所占的空间

flex 属性用法的代码如下：

```
<!DOCTYPE html>
```

```
<html lang="en">                                line-height: 100px;
<head>                                        }
<meta charset="UTF-8">                        .c2{
<title>Document</title>                       background: lightblue;
<style>                                       }
.container{                                   .c3{
width: 500px;                                 background: yellowgreen
height: 500px;                                }
border:5px green solid;                       </style>
display:flex;                                 </head>
/*justify-content: space-around;*/            <body>
flex-wrap: wrap;                              <div class="container">
}                                             <div class="content c1">1</div>
.content{                                     <div class="content c2">2</div>
height: 100%;                                 <div class="content c3">3</div>
background: lightpink;                         <div class="content c4">45678910</div>
color:#fff;                                   </div>
font-size: 50px;                              </body>
text-align: center;                           </html>
```

代码的运行效果如图 10-18 所示。

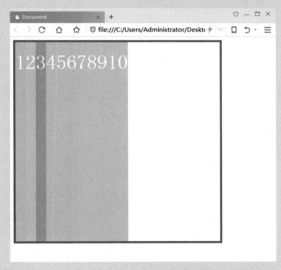

图 10-18

此时所看见的结果是所有的子级 div 宽度都是由自身的内容决定的，如果想要它们平均分配父级容器的空间则需要为其添加 CSS 代码：

```
flex: 1;
```

代码的运行效果如图 10-19 所示。

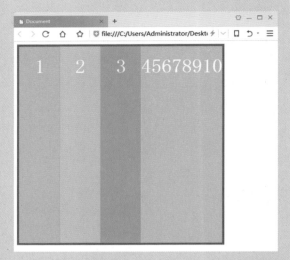

图 10-19

（2）order

order 属性设置或检索弹性盒模型对象的子元素出现的顺序。

语法描述：

```
order: number|initial|inherit;
```

order 属性值的解释如下：

- number：默认值是 0。规定灵活项目的顺序。
- Initial：设置该属性为它的默认值。
- Inherit：从父元素继承该属性。

小试身手：检索对象子元素的出现顺序

order 属性用法的代码如下：

```
<!DOCTYPE html>
<html lang="en">
<head>
<meta charset="UTF-8">
<title>Document</title>
<style>
.container{
width: 500px;
height: 500px;
border:5px red solid;
display:flex;
justify-content: space-around;
}
.content{
width: 100px;
height: 100px;
```

```
background: lightpink;
color:#fff;
font-size: 50px;
text-align: center;
line-height: 100px;
}
.c2{
background: lightblue;
}
.c3{
background: yellowgreen;
}
.c4{
background: coral;
}
</style>
</head>
<body>
<div class="container">
<div class="content c1">1</div>
<div class="content c2">2</div>
<div class="content c3">3</div>
<div class="content c4">4</div>
</div>
</body>
</html>
```

代码的运行效果如图 10-20 所示。

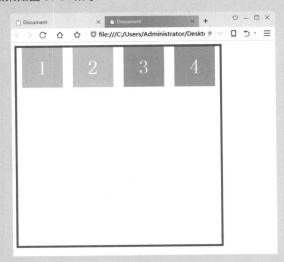

图 10-20

代码未对子级 div 设置 order 属性，但也是正常显示在页面中，当对子级 div 加入了
CSS 代码 order 属性之后，再看一下它们的排列顺序。

代码如下：

```
.c1{
order:3;
}
.c2{
background: lightblue;
order:1;
}
.c3{
background: yellowgreen;
order:4;
}
.c4{
background: coral;
order:2;
}
```

代码的运行效果如图 10-21 所示。

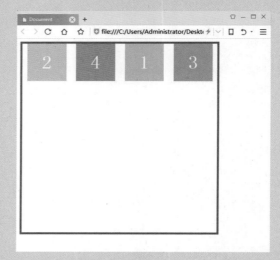

图 10-21

10.3 课堂练习

根据之前所学的弹性盒子知识，制作出如图 10-22、图 10-23 所示的效果。

正常排序的效果如图 10-22 所示。

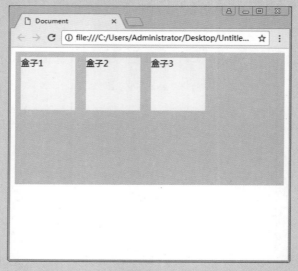

图 10-22

加入 flex-direction：row-reverse 之后的排序效果如图 10-23 所示。

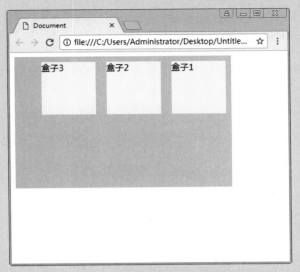

图 10-23

提示代码如下：

```html
<!DOCTYPE html>
<html lang="en">
<head>
  <meta charset="UTF-8">
  <title>Document</title>
  <style type="text/css">
    .container{
      display: -webkit-flex;
      display: flex;
      /*-webkit-flex-direction:row-reverse;*/【使用 flex-direction 属性，将能控制子元素盒子排序】
        /*flex-direction: row-reverse;*/
      width: 400px;
      height: 250px;
      background-color:lightblue;
    }
    .flex-item{width: 100px;height: 100px; margin: 10px; background-color: lightyellow;}
  </style>
</head>
<body>
  <div class="container">
    <div class="flex-item">盒子 1</div>
    <div class="flex-item">盒子 2</div>
    <div class="flex-item">盒子 3</div>
  </div>

</body>
</html>
```

强化训练

多级菜单的设计方法有很多种，一般使用 JavaScript 来实现。也可以使用 CSS2 设计多级菜单，但是兼容性比较差，使用较少，下面使用 CSS3 设计一个比较经典的下拉菜单。

设计效果如图 10-24 所示。

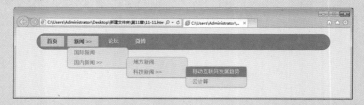

图 10-24

操作提示：

本章的强化练习综合运用了弹性盒子、父级容器设置和子级内容设置等技术。

HTML 部分代码如下：

```
<ul id="nav">
<li class="current"><a href="#"> 首页 </a></li>
<li><a href="#"> 新闻 >></a>
<ul>
<li><a href="#"> 国际新闻 </a></li>
<li><a href="#"> 国内新闻 >></a>
<ul>
<li><a href="#"> 地方新闻 </a></li>
<li><a href="#"> 科技新闻 >></a>
<ul>
<li><a href="#"> 移动互联网发展趋势 </a></li>
<li><a href="#"> 云计算 </a></li>
</ul>
</li>
</ul>
</li>
</ul>
</li>
<li><a href="#"> 论坛 </a></li>
<li><a href="#"> 微博 </a></li>
</ul>
```

本章结束语

本章讲解了关于 CSS3 弹性盒子的知识，包括对父级容器的属性和子级元素的设置，每个属性都对应着相应的 CSS 规则。通过对本章的学习，在今后的布局中会有更多的方案和更好的解决手段。

CHAPTER 11
颜色渐变和图形转换

本章概述 SUMMARY

渐变背景一直活跃在 Web 中，以前需要前端工程师和设计师相配合，再通过切图来实现，成本太高。CSS3 渐变彻底颠覆了之前的做法，其中转换是 CSS3 中具有颠覆性的特征之一，可以实现元素的位移、旋转、变形、缩放，甚至支持矩阵方式。

■ 学习目标
渐变和转换对浏览器的支持情况。
CSS3 中线性渐变和径向渐变。
2D 和 3D 转换的应用效果。

■ 课时安排
理论知识 1 课时。
上机练习 1 课时。

知识导图：

11.1 渐变

渐变是颜色与颜色之间的平滑过渡。在创建过程中，创建多个颜色值，使多个颜色之间实现平滑的过渡效果。先用 PS 做简单的示意，如图 11-1 所示。

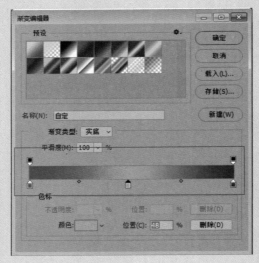

图 11-1

图上被红色框框选的部分就是渐变效果。可以看出，在红色与黄色、黄色和绿色之间的颜色都是平滑过渡的。而 CSS3 渐变也是这种原理。

CSS3 定义了两种类型的渐变（gradients）：

- 线性渐变（Linear Gradients）：向下 / 向上 / 向左 / 向右 / 对角方向。
- 径向渐变（Radial Gradients）：由它们的中心定义。

■ 11.1.1 浏览器支持

最早实现对 CSS3 渐变支持的浏览器是 -Webkit- 内核的浏览器，随后 Firefox 和 Opera 浏览器也开始支持。但是众多浏览器之间并没有统一起来，在使用时仍然需要加上浏览器厂商的前缀（见表 11-1）。

表 11-1　各大浏览器厂商的支持情况

属性	IE	Firefox	Chrome	Sfari	Opera
Linear-gradient	10.0	26.0 10.0-webkit-	16.0 3.6 -moz-	6.1 5.1-webkit-	12.1 11.1 -o-
Radial-gradient	10.0	26.0 10.0-webkit-	16.0 3.6 -moz-	6.1 5.1-webkit-	12.1 11.1 -o-
repeating-linear-gradient	10.0	26.0 10.0 -webkit-	16.0 3 . 6 -moz-	6.1 5 . 1 -webkit-	12.1 11.1 -o-
repeating-radial-gradient	10.0	26.0 10.0 -webkit-	16.0 3.6 -moz-	6.1 5.1-webkit-	12.1 11.1 -o-

■ 11.1.2 线性渐变

先从最简单的线性渐变开始，想要实现最简单的渐变需要定义两个颜色值，一个颜色作为渐变的起点，另外一个作为渐变的终点。

线性渐变的属性为 linear-gradient，默认渐变的方向为从上至下。

语法：

background: linear-gradient(direction, color-stop1, color-stop2, ...);

小试身手：绘制线性渐变的方法

线性渐变的代码如下：

```
<!DOCTYPE html>
<html lang="en">
<head>
<meta charset="UTF-8">
<title>Document</title>
<style>
div{
width: 200px;
height: 200px;
background:-ms-linear-gradient(120deg,pink,lightblue,yellowgreen,red);
background:-webkit-linear-gradient(120deg,pink,lightblue,yellowgreen,red);
background:-o-linear-gradient(120deg,pink,lightblue,yellowgreen,red);
background:-moz-linear-gradient(120deg,pink,lightblue,yellowgreen,red);
background:linear-gradient(120deg,pink,lightblue,yellowgreen,red);
}
</style>
</head>
<body>
<div></div>
</body>
</html>
```

代码的运行效果如图 11-2 所示。

图 11-2

■ 11.1.3 径向渐变

径向渐变是呈圆形的向外进行渐变的操作。

创建一个径向渐变，至少需要定义两种颜色结点。颜色结点即想要呈现平稳过渡的颜色。也可以指定渐变的中心、形状（圆形或椭圆形）、大小。默认情况下，渐变的中心是 center（表示在中心点），渐变的形状是 ellipse（表示椭圆形），渐变的大小是 farthest-corner（表示到最远的角落）。

语法：

```
background: radial-gradient(center, shape size, start-color, ..., last-color);
```

小试身手：绘制径向渐变的方法

径向渐变的代码如下：

```
<!DOCTYPE html>
<html lang="en">
<head>
<meta charset="UTF-8">
<title>Document</title>
<style>
div{
width: 200px;
height: 200px;
background:-ms-radial-gradient(pink,lightblue,yellowgreen);
background:-webkit-radial-gradient(pink,lightblue,yellowgreen);
background:-o-radial-gradient(pink,lightblue,yellowgreen);
background:-moz-radial-gradient(pink,lightblue,yellowgreen);
background:radial-gradient(pink,lightblue,yellowgreen);
}
</style>
</head>
<body>
<div></div>
</body>
</html>
```

代码的运行效果如图 11-3 所示。

图 11-3

11.2 2D 转换

转换是 CSS3 中具有颠覆性的特征之一，可以实现元素的位移、旋转、变形、缩放，甚至支持矩阵方式。以前想要在网页中做出动画效果，需要借助一些类似于 flash 的插件才可以完成，CSS3 的转换功能，使得开发再次变得简单起来。首先，了解浏览器的支持情况。

目前 CSS3 转换属性的浏览器支持情况还算理想，绝大部分浏览器都已经支持此属性。IE9 需要加上浏览器厂商前缀 -ms-，IE9 之后都可以直接使用标准属性。表 11-2 是各大浏览器厂商的支持情况。

表 11-2　各大浏览器厂商的支持情况

属性	Firefox	Safari	Chrome	IE	Opera
Transform	10.0 9.0-ms-	3.2-webkit-	16.0 3.5-moz-	36.0 4.0-webkit-	23.0 15.0-webkit- 12.110.5 -o-

注：表格中的数字表示支持该属性的第一个浏览器版本号。

紧跟在 -webkit-, -ms- 或 -moz- 前的数字为支持该前缀属性的第一个浏览器版本号。

■ 11.2.1　移动 translate()

translate() 方法，根据左 (X 轴) 和顶部 (Y 轴) 位置给定的参数，从当前元素位置移动。

小试身手：让网页中的元素动起来

translate() 使用方法的代码如下：

```
<!DOCTYPE html>
<html lang="en">
<head>
<meta charset="UTF-8">
<title>2D 转换 </title>
<style>
div{
width: 200px;
height: 200px;
background: #CF3;
transform: translate(100px,50px);

}
</style>
</head>
<body>
<div></div>
</body>
</html>
```

代码的运行效果如图 11-4 所示。

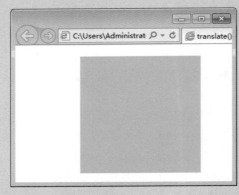

图 11-4

■ 11.2.2   旋转 rotate()

rotate() 方法：在一个给定度数顺时针旋转的元素，允许负值，这样就是元素逆时针旋转。

小试身手：让元素在页面中旋转

rotate() 使用方法的代码如下：

```
<!DOCTYPE html>
<html lang="en">
<head>
<meta charset="UTF-8">
<title> 旋转 rotate()</title>
<style>
div{
width:300px;
height:300px;
background: #CF0;
margin:100px;
}
div:hover{
transform: rotate(45deg);
}
</style>
</head>
<body>
<div></div>
</body>
</html>
```

代码的运行效果如图 11-5 所示。

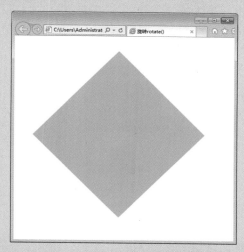

图 11-5

■ 11.2.3 缩放 scale()

scale() 方法，该元素增加或减少的程度，取决于宽度（X 轴）和高度（Y 轴）的参数。通过此方法可以对页面中的元素进行等比例的放大和缩小，还可以指定物体缩放的中心。

小试身手：元素缩放的操作方法

scale() 使用方法的代码如下：

```
<!DOCTYPE html>
<html lang="en">
<head>
<meta charset="UTF-8">
<title> 缩放 scale()</title>
<style>
div{
width:100px;
height:100px;
background: #9F0;
margin:10px auto;
}
.a1{
transform: scale(1,1);
}
.b2{
transform: scale(1.5,1);
}
.c3{
transform: scale(0.5);
}
</style>
</head>
<body>
<div class="a1"></div>
<div class="b2"></div>
<div class="c3"></div>
</body>
</html>
```

代码的运行效果如图 11-6 所示。

图 11-6

从代码的运行效果可以看出，为每个 div 都是设置了相同的宽高属性，但因为各自的缩放比例不同，它们显示在页面中的结果也是不一样的。

从效果中还可以发现，所有的 div 缩放其实都是从中心进行的，缩放操作的默认中心点就是元素的中心。这个缩放的中心是可以通过 transform-origin 属性改变的。

语法描述：

transform-origin: x-axis y-axis z-axis;

小试身手：设置缩放的中心点

transform-origin 属性的代码如下：

```html
<!DOCTYPE html>
<html lang="en">
<head>
<meta charset="UTF-8">
<title> transform-origin 属性 </title>
<style>
div{
width: 200px;
height: 200px;
transform-origin: 0 0;
margin:10px auto;
}
.a1{
transform: scale(1,1);
background: blue;
}
.b2{
transform: scale(1.5,1);
background: red;
```

```
}
.c3{
transform: scale(0.5);
background: green;
}
</style>
</head>
<body>
<div class="a1"></div>
<div class="b2"></div>
<div class="c3"></div>
</body>
</html>
```

同样的代码，只是改变了元素转换的位置，即可完成类似于柱状图的操作。

代码的运行效果如图 11-7 所示。

图 11-7

■ 11.2.4 倾斜 skew()

倾斜 skew() 方法，包含两个参数值，分别表示 X 轴和 Y 轴倾斜的角度，如果第二个参数为空，则默认为 0，参数为负，表示向相反方向倾斜。

语法描述：

```
transform:skew(<angle> [,<angle>]);
```

小试身手：元素倾斜的设计方法

skew() 使用方法的代码如下：

```
<!DOCTYPE html>                          transform: skew(30deg);
<html lang="en">                         background: red;
<head>                                   }
<meta charset="UTF-8">                   .c3{
<title> 倾斜 skew() </title>             transform: skew(50deg);
<style>                                  background: green;
div{                                     }
width: 200px;                            </style>
height: 200px;                           </head>
margin:10px auto;                        <body>
}                                        <div class="a1"></div>
.a1{                                     <div class="b2"></div>
background: blue;                        <div class="c3"></div>
}                                        </body>
.b2{                                     </html>
```

代码的运行效果如图 11-8 所示。

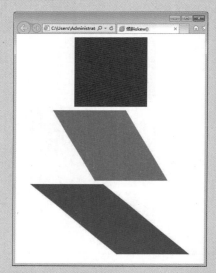

图 11-8

11.3　3D 转换

　　在 CSS3 中，除了 2D 转换，还可以用 3D 转换来完成酷炫的网页特效，这些操作也是通过 transform 属性来完成的。

■ 11.3.1　rotateX() 方法

　　rotateX() 方法，围绕其在一个给定度数的 X 轴旋转的元素。

　　这个方法与之前的 2D 转换方法 rotate() 不同的是，rotate() 方式是让元素在平面内旋转，rotateX() 方法是让元素在孔内旋转，也就是它让元素在 X 轴上进行旋转。

　　rotateX() 使用方法的代码如下：

```
<!DOCTYPE html>
<html lang="en">
<head>
<meta charset="UTF-8">
<title>Document</title>
<style>
div{
width: 200px;
height: 200px;
background: red;
margin:20px;
color:#fff;
font-size: 50px;
line-height: 200px;
text-align: center;
transform-origin: 0 0 ;
float: left;
}
.d1{
transform: rotateX(40deg);
}
</style>
</head>
<body>
<div>3D 旋转 </div>
<div class="d1">3D 旋转 </div>
</body>
</html>
```

　　代码的运行效果如图 11-9 所示。

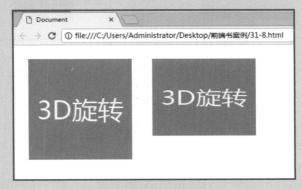

图 11-9

代码在页面中写入了两个面积相等的 div，并对第二个 div 进行了 3D 旋转操作，结果，元素明显产生了变化，这就是 3D 旋转中沿 X 轴旋转的效果。

11.3.2　rotateY() 方法

rotateY() 方法，围绕其在一个给定度数的 Y 轴旋转的元素。

rotaterY() 使用方法的代码如下：

```
<!DOCTYPE html>
<html lang="en">
<head>
<meta charset="UTF-8">
<title>Document</title>
<style>
div{
width: 200px;
height: 200px;
background: red;
margin:20px;
color:#fff;
font-size: 50px;
line-height: 200px;
text-align: center;
transform-origin: 0 0 ;
float: left;
}
.d1{
transform: rotateX(40deg);
}
.d2{
transform: rotateY(50deg);
}
</style>
</head>
<body>
<div>3D 旋转 </div>
<div class="d1">3D 旋转 </div>
<div class="d2">3D 旋转 </div>
</body>
</html>
```

代码的运行效果如图 11-10 所示。

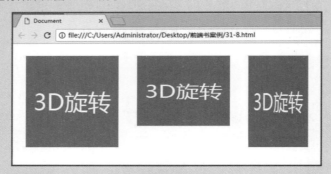

图 11-10

11.3.3　转换属性

CSS3 规定可以使用一些转换的属性来设置转换的效果。

（1）transform 属性

向元素应用 2D 转换、3D 转换。

（2）transform-origin 属性

允许改变转换的位置。

（3）transform-style 属性

规定元素如何在 3D 空间中显示。

语法格式：

flat|preserve-3d；

属性的值可以是以下两种：

flat 表示所有子元素在 2D 平面上呈现。

preserve-3d 表示所有子元素在 3D 空间中呈现。

案例代码如下：

```
<!DOCTYPE html>
<html>
<head>
<meta charset="utf-8">
<title>document</title>
<style>
#d1
{
position: relative;
height: 200px;
width: 200px;
margin: 100px;
padding:10px;
border: 1px solid black;
}
#d2
{
padding:50px;
position: absolute;
border: 1px solid black;
background-color: red;
transform: rotateY(60deg);
transform-style: preserve-3d;
-webkit-transform: rotateY(60deg); /* Safari and Chrome */
-webkit-transform-style: preserve-3d; /* Safari and Chrome */
}
#d3
{
padding:40px;
position: absolute;
border: 1px solid black;
background-color: yellow;
transform: rotateY(-60deg);
-webkit-transform: rotateY(-60deg); /* Safari and Chrome */
}
</style>
```

```
</head>
<body>
<div id="d1">
<div id="d2">HELLO
<div id="d3">world</div>
</div>
</div>
</body>
</html>
```

代码的运行效果如图 11-11 所示。

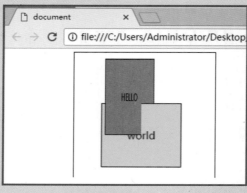

图 11-11

（4）perspective 属性

多少像素的 3D 元素是从视图的 perspective 属性定义。这个属性允许改变 3D 元素是怎样查看透视图。定义时的 perspective 属性，它是一个元素的子元素，而不是元素本身。需要说明的是，perspective 属性只影响 3D 转换元素。

语法格式：

perspective: number|none;

perspective 属性的值可以是以下两种：

- number：元素距离视图的距离，以像素计。
- none：默认值。与 0 相同。不设置透视。

perspective-origin 属性定义 3D 元素所基于的 X 轴和 Y 轴。该属性允许改变 3D 元素的底部位置。当为元素定义 perspective-origin 属性时，其子元素会获得透视效果，而不是元素本身。该属性必须与 perspective 属性一同使用，而且只影响 3D 转换元素。

语法格式：

perspective-origin: x-axis y-axis;

案例代码如下：

```
<!DOCTYPE html>
<html>
<head>
<style>
#div1{
```

```
position: relative;
height: 150px;
width: 150px;
margin: 50px;
padding:10px;
border: 1px solid black;
perspective:150;
-webkit-perspective:150; /* Safari and Chrome */
}
#div2{
padding:50px;
position: absolute;
border: 1px solid black;
background-color: pink;
transform: rotateX(45deg);
-webkit-transform: rotateX(45deg); /* Safari and Chrome */
}
</style>
</head>
<body>
<div id="div1">
<div id="div2">3D 转换 </div>
</div>
</body>
</html>
```

代码的运行效果如图 11-12 所示。

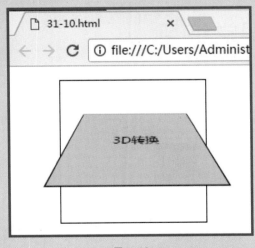

图 11-12

（5）backface-visibility 属性

backface-visibility 属性定义当元素不面向屏幕时是否可见。若在旋转元素时不想看到其背面，则使用该属性。

语法格式：

 backface-visibility: visible|hidden;

backface-visibility 属性的值可以是以下两种：

visible：背面是可见的。

Hidden：背面是不可见的。

11.3.4　3D 转换方法

CSS3 中关于 3D 转换的方法和 2D 转换的方法基本类似。这里不再赘述。

表 11-3 中列出了所有的 3D 转换方法

表 11–3　3D 的转换方法

函数	描述
matrix3d(n,n,n,n,n,n,n,n,n,n,n,n,n,n,n,n)	定义 3D 转换，使用 16 个值的 4×4 矩阵
translate3d(x,y,z)	定义 3D 转化
translateX(x)	定义 3D 转化，仅使用用于 X 轴的值
translateY(y)	定义 3D 转化，仅使用用于 Y 轴的值
translateZ(z)	定义 3D 转化，仅使用用于 Z 轴的值
scale3d(x,y,z)	定义 3D 缩放转换
scaleX(x)	定义 3D 缩放转换，通过给定一个 X 轴的值
scaleY(y)	定义 3D 缩放转换，通过给定一个 Y 轴的值
scaleZ(z)	定义 3D 缩放转换，通过给定一个 Z 轴的值
rotate3d(x,y,z,angle)	定义 3D 旋转
rotateX(angle)	定义沿 X 轴的 3D 旋转
rotateY(angle)	定义沿 Y 轴的 3D 旋转
rotateZ(angle)	定义沿 Z 轴的 3D 旋转
perspective(n)	定义 3D 转换元素的透视视图

11.4　课堂练习

将 matrix() 方法和 2D 变换方法合并成一个。matrix () 方法包含旋转、缩放、移动（平移）和倾斜，效果如图 11-13 所示。

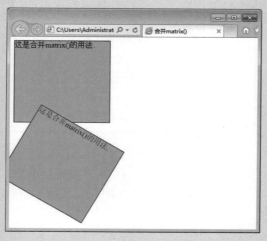

图 11-13

代码如下：

```
<!DOCTYPE html>
<html>
<head>
<meta charset="utf-8">
<title> 合并 matrix()</title>
<style>
div
{
width:200px;
height:175px;
background-color: #9F0;
border:1px solid black;
}
div#div2
{
transform:matrix(0.866,0.5,-0.5,0.866,0,0);
-ms-transform:matrix(0.866,0.5,-0.5,0.866,0,0); /* IE 9 */
-webkit-transform:matrix(0.866,0.5,-0.5,0.866,0,0); /* Safari and Chrome */
transform:matrix(0.866,0.5,-0.5,0.866,0,0);
}
</style>
</head>
<body>
<div> 这是合并 matrix() 的用法 .</div>
<div id="div2"> 这是合并 matrix() 的用法 .</div>
</body>
</html>
```

强化训练

本章的强化训练为大家准备了如图 11-14 所示的太极图，图是运动的。根据 @-webkit-keyframes 的属性知识完成运动效果。

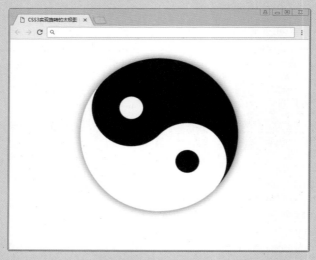

图 11-14

操作提示：

提示代码如下：

```
@keyframes rotation {
    0% {transform:rotate(0deg);}
    100% {transform:rotate(-360deg);}
}
@-webkit-keyframes rotation {
    0% {-webkit-transform:rotate(0deg);}
    100% {-webkit-transform:rotate(-360deg);}
}
@-moz-keyframes rotation {
    0% {-moz-transform:rotate(0deg);}
    100% {-moz-transform:rotate(-360deg);}
}
```

本章结束语

本章主要讲解了 CSS3 渐变，包括线性渐变和径向渐变以及转换功能，并讲解了从这些渐变中衍生出来的更多的灵活操作。具备了 CSS3 渐变和转换功能，会让开发变得更加灵活自由。

CHAPTER 12
JavaScript 入门必学

本章概述 SUMMARY

JavaScript 是一种属于网络的脚本语言，已被广泛用于 Web 应用开发，常用来为网页添加各式各样的动态功能，和流畅美观的浏览效果。通常 JavaScript 脚本是通过嵌入在 HTML 中来实现自身功能的。

■ 学习目标

了解 JavaScript 的发展以及应用方向。

学会 JavaScript 的用法。

掌握 JavaScript 的基本语法。

掌握 JavaScript 的事件分析。

■ 课时安排

理论知识 2 课时。

上机练习 1 课时。

知识导图：

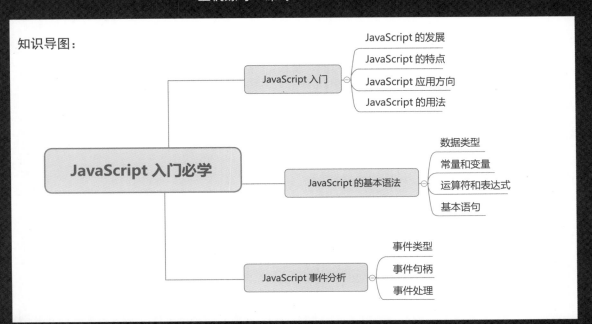

12.1 JavaScript 入门

JavaScript 是一种直译式脚本语言，是一种动态类型、弱类型、基于原型的语言，内置支持类型。它的解释器被称为 JavaScript 引擎，是浏览器的一部分，广泛用于客户端的脚本语言，最早是在 HTML（标准通用标记语言下的一个应用）网页上使用，为其 HTML 网页增加动态功能。

12.1.1 JavaScript 的发展

JavaScript 是甲骨文公司的注册商标。最初由 Netscape 的 Brendan Eich 设计。Ecma 国际以 JavaScript 为基础制定了 ECMAScript 标准。JavaScript 也可以用于其他场合，如服务器端编程。完整的 JavaScript 实现包含三个部分：ECMAScript，文档对象模型，浏览器对象模型。

Netscape 在最初将其脚本语言命名为 LiveScript，后来 Netscape 在与 Sun 合作之后将其改名为 JavaScript。JavaScript 最初受 Java 启发而开始设计，目的之一就是"看上去像 Java"，因此语法上有类似之处，一些名称和命名规范也源自 Java。但 JavaScript 的主要设计原则源自 Self 和 Scheme。JavaScript 与 Java 名称上的近似，是当时 Netscape 为了营销，与 Sun 微系统达成协议的结果。为了取得技术优势，微软推出了 JScript 来迎战 JavaScript 的脚本语言。为具备互用性，ECMA 国际（前身为欧洲计算机制造商协会）创建了 ECMA-262 标准（ECMAScript）。两者都属于 ECMAScript 的实现。尽管 JavaScript 作为给非程序人员的脚本语言，而非作为给程序人员的脚本语言来推广和宣传，但是 JavaScript 具有非常丰富的特性。

发展初期，JavaScript 的标准并未确定，而是 Netscape 的 JavaScript、微软的 JScript 和 CEnvi 的 ScriptEase 三足鼎立。1997 年，在 ECMA（欧洲计算机制造商协会）的协调下，由 Netscape、Sun、微软、Borland 组成的工作组确定统一标准：ECMA-262。

12.1.2 JavaScript 的特点

JavaScript 是一种属于网络的脚本语言，已被广泛用于 Web 应用开发，常用来为网页添加各式各样的动态功能和提供更流畅美观的浏览效果。通常 JavaScript 脚本是通过嵌入在 HTML 中来实现自身功能的。

JavaScript 脚本语言同其他语言一样，有其自身的基本数据类型、表达式和算术运算符及基本程序框架。JavaScript 提供了四种基本数据类型和两种特殊数据类型用来处理数据和文字。而变量提供存放信息的地方，表达式则可以完成较复杂的信息处理。

JavaScript 脚本语言具有以下特点。

- 脚本语言：JavaScript 是一种解释型的脚本语言,C、C++ 等语言是先编译后执行,而 JavaScript 是在程序的运行过程中逐行进行解释。
- 基于对象：JavaScript 是一种基于对象的脚本语言,它不仅可以创建对象,也能使用现有的对象。
- 简单：JavaScript 语言中采用的是弱类型的变量类型,对使用的数据类型未做出严格的要求,是基于 Java 基本语句和控制的脚本语言,设计简单紧凑。

- 动态性：JavaScript 是一种采用事件驱动的脚本语言，它不需要经过 Web 服务器就可以对用户的输入做出响应。在访问一个网页时，鼠标在网页中点击或上下移动等，JavaScript 都可直接对这些事件给出相应的响应。
- 跨平台性：JavaScript 脚本语言不依赖于操作系统，仅需要浏览器的支持。因此一个 JavaScript 脚本在编写后可以在任意机器上使用，前提是浏览器支持 JavaScript 脚本语言。JavaScript 已被目前大多数的浏览器所支持。

不同于服务器端脚本语言，例如 PHP 与 ASP，JavaScript 主要被作为客户端脚本语言在浏览器上运行，不需要服务器的支持。JavaScript 可减少对服务器的负担，但与此同时也带来了一个问题：安全性。

随着服务器的发展，虽然程序员更喜欢运行于服务端的脚本，以保证安全，但 JavaScript 仍然以其跨平台、容易上手等优势大行其道。同时，有些特殊功能（如 AJAX）必须依赖 JavaScript 在客户端的支持。随着引擎如 V8 和框架如 Node.js 的发展，以及事件驱动及异步 IO 等特性，JavaScript 逐渐被用来编写服务器端程序。

■ 12.1.3　JavaScript 应用方向

JavaScript 的应用方向主要有以下几个方面。
- 嵌入动态文本于 HTML 页面。
- 对浏览器事件做出响应。
- 读写 HTML 元素。
- 在数据被提交到服务器之前验证数据。
- 检测访客的浏览器信息。
- 控制 cookies，包括创建和修改等。
- 基于 Node.js 技术进行服务器端编程。

■ 12.1.4　JavaScript 的用法

如果在 HTML 页面中插入 JavaScript，需要使用 <script> 标签。HTML 中的脚本必须位于 <script> 与 </script> 标签之间。脚本可被放置在 HTML 页面的 <body> 和 <head> 部分中。<script> 和 </script> 之间的代码行包含了 JavaScript:

```
<script>
    alert(" 我的第一个 JavaScript");
</script>
```

浏览器会解释并执行位于 <script> 和 </script> 之间的 JavaScript 代码。

以前可能会在 <script> 标签中使用 type="text/javascript"，现在已经不这样做了。JavaScrip 是所有现代浏览器以及 HTML5 中的默认脚本语言。

可以在 HTML 文档中放入不限数量的脚本。脚本可位于 HTML 的 <body> 或 <head> 部分中，或者同时存在于两个部分中。

通常的做法是把函数放入 <head> 部分中，或者放在页面底部。这样就可以把它们安置到同一位置，而不干扰页面的内容。

（1）<head> 中的 JavaScript

把一个 JavaScript 函数放置到 HTML 页面的 <head> 部分。该函数会在点击按钮时被调用。

小试身手：<head> 中的函数添加方法

<head> 部分添加函数的示例代码如下：

```
<!DOCTYPE html>                          </head>
<html>                                   <body>
<head>                                   <h1> 我的 Web 页面 </h1>
<script>                                 <p id="demo"> 一个段落 </p>
function myFunction()                    < b u t t o n   t y p e = " b u t t o n "
{                                        onclick="myFunction()"> 尝 试 一 下 </
document.getElementById("demo").         button>
innerHTML=" 我的第一个 JavaScript 函数 ";  </body>
}                                        </html>
</script>
```

代码的运行效果如图 12-1 所示。

图 12-1

（2）<body> 中的 JavaScript

把一个 JavaScript 函数放置到 HTML 页面的 <body> 部分。该函数会在点击按钮时被调用。

小试身手：<body> 中的函数添加方法

<body> 部分添加函数的示例代码如下：

```
<!DOCTYPE html>                          myFunction()"> 尝试一下 </button>
<html>                                   <script>
<body>                                   function myFunction()
<h1> 我的 Web 页面 </h1>                   {
<p id="demo"> 一个段落 </p>                document.getElementById("demo").
<button type="button" o n c l i c k = "  innerHTML=" 我的第一个 JavaScript 函数 ";
```

```
}
</script>
</body>
</html>
```

代码的运行效果如图 12-2 所示。

图 12-2

点击上图按钮时，会出现和图 12-1 一样的效果。

（3）外部的 JavaScript

也可以把脚本保存到外部文件中。外部文件通常包含被多个网页使用的代码。外部 JavaScript 的文件扩展名是 .js。如需使用外部文件，请在 <script> 标签的 "src" 属性中设置 .js 文件。

示例代码如下：

```
<!DOCTYPE html>
<html>
<body>
<script src="myScript.js"></script>
</body>
</html>
```

> **操作技巧**
>
> 可以将脚本放置于 <head> 或者 <body> 中，实际运行效果与在 <script> 标签中编写脚本完全一致。外部脚本不能包含 <script> 标签。

12.2　JavaScript 的基本语法

上面介绍了 JavaScript 的发展历史、基本特点、应用方向和用法，本节介绍 JavaScript 的基本语法。

■ 12.2.1　数据类型

JavaScript 中有 5 种简单数据类型（也称为基本数据类型）：Undefined、Null、Boolean、Number 和 String。还有 1 种复杂数据类型——Object，Object 本质上是由一组无序的名值对组成的。

（1）Undefined 类型

Undefined 类型只有一个值，即特殊的 undefined。在使用 var 声明变量但未对其加以初始化时，这个变量的值就是 undefined，例如：

```
var message;
alert(message == undefined) //true
```

（2）Null 类型

Null 类型是第二个只有一个值的数据类型，这个特殊的值是 null。从逻辑角度来看，null 值表示一个空对象指针，而这也正是使用 typeof 操作符检测 null 时会返回"object"的原因，例如：

```
var car = null;
alert(typeof car); // "object"
```

如果定义的变量准备在将来用于保存对象，那么最好将该变量初始化为 null，而不是其他值。这样一来，只要直接检测 null 值就可以知道相应的变量是否已经保存了一个对象的引用，例如：

```
if(car != null)
{
// 对 car 对象执行某些操作
}
```

实际上，undefined 值是派生自 null 值的，因此 ECMA-262 规定对它们的相等性测试要返回 true。

```
alert(undefined == null); //true
```

尽管 null 和 undefined 有这样的关系，但它们的用途完全不同。无论在什么情况下都没有必要把一个变量的值显式地设置为 undefined，可是同样的规则对 null 却不适用。换句话说，只要用于保存对象的变量还没有真正保存对象，就应该明确地让该变量保存 null 值。这样做不仅可以体现 null 作为空对象指针的惯例，而且也有助于进一步区分 null 和 undefined。

（3）Boolean 类型

Boolean 类型只有两个字面值：true 和 false。这两个值与数字值不是一回事，因此 true 不一定等于 1，而 false 也不一定等于 0。

虽然 Boolean 类型的字面值只有两个，但 JavaScript 中所有类型的值都有与这两个 Boolean 值等价的值。要将一个值转换为其对应的 Boolean 值，可以调用类型转换函数 Boolean()，例如：

```
var message = 'Hello World';
var messageAsBoolean = Boolean(message);
```

在这个例子中，字符串 message 被转换成了一个 Boolean 值，该值被保存在 messageAsBoolean 变量中。可以对任何数据类型的值调用 Boolean() 函数，而且总会返回一个 Boolean 值。至于返回的这个值是 true 还是 false，取决于要转换值的数据类型及其实际值。

表 12-1　各种数据类型及其对象的转换规则

数据类型	转换为 true 的值	转换为 false 的值
Boolean	True	False
String	任何非空字符串	（空字符串）
Object	任何对象	Null
Undefined	n/a（不适用）	Undefined

（4）Number 类型

Number 类型用来表示整数和浮点数值，还有一种特殊的数值，即 NaN（非数值 Not a Number）。这个数值用于表示一个本来要返回数值的操作数未返回数值的情况（这样就不会抛出错误了）。例如，在其他编程语言中，任何数值除以 0 都会导致错误，从而停止代码执行。但在 JavaScript 中，任何数值除以 0 都会返回 NaN，因此不会影响其他代码的执行。

NaN 本身有两个非同寻常的特点。首先，任何涉及 NaN 的操作（例如 NaN/10）都会返回 NaN，这个特点在多步计算中有可能导致问题。其次，NaN 与任何值都不相等，包括 NaN 本身。

下面的代码会返回 false。

```
alert(NaN == NaN);  //false
```

JavaScript 中有一个 isNaN() 函数，这个函数可接收一个参数，该参数可以是任何类型，而函数会帮助确定这个参数是否"不是数值"。isNaN() 在接收一个值后，会尝试将这个值转换为数值。某些不是数值的值会直接转换为数值，例如，字符串"10"或 Boolean 值。而任何不能被转换为数值的值都会导致这个函数返回 true。例如：

```
alert(isNaN(NaN));  //true
alert(isNaN(10));  //false(10 是一个数值 )
alert(isNaN("10"));  //false( 可能被转换为数值 10)
alert(isNaN("blue"));  //true( 不能被转换为数值 )
alert(isNaN(true));  //false( 可能被转换为数值 1)
```

有 3 个函数可以把非数值转换为数值：Number()、parseInt() 和 parseFloat()。第一个函数，即转型函数 Number() 可以用于任何数据类型，而另外两个函数则专门用于把字符串转换成数值。这 3 个函数对于同样的输入会返回不同的结果。

（5）String 类型

String 类型用于表示由零或多个 16 位 Unicode 字符组成的字符序列，即字符串。字符串可以由单引号（'）或双引号（"）表示。

```
var str1 = "Hello";
var str2 = 'Hello';
```

任何字符串的长度都可以通过访问其 length 属性取得。

```
alert(str1.length);     // 输出 5
```

要把一个值转换为一个字符串有两种方式。第一种是使用每个值都有的 toString() 方法。

```
var age = 11;
var ageAsString = age.toString();   // 字符串 "11"
var found = true;
var foundAsString = found.toString();   // 字符串 "true"
```

数值、布尔值、对象和字符串值都有 toString() 方法。但 null 和 undefined 值没有这个方法。

多数情况下，调用 toString() 方法不必传递参数。但是，在调用数值的 toString() 方法时，可以传递一个参数：输出数值的基数。

```
var num = 10;
alert(num.toString());     //"10"
alert(num.toString(2));    //"1010"
alert(num.toString(8));    //"12"
alert(num.toString(10));   //"10"
alert(num.toString(16));   //"a"
```

通过这个例子可以看出，通过指定基数，toString() 方法会改变输出的值。而数值 10 根据基数的不同，可以在输出时被转换为不同的数值格式。

（6）Object 类型

Object 类型的对象其实就是一组数据和功能的集合，其可以通过执行 new 操作符与要创建的对象类型的名称来创建。而创建 Object 类型的实例并为其添加属性和（或）方法，就可以创建自定义对象。

```
var o = new Object();
```

■ 12.2.2 常量和变量

（1）常量

在声明和初始化变量时，在标识符的前面加上关键字 const，就可以把其指定为一个常量。顾名思义，常量是其值在使用过程中不会发生变化，实例代码如下：

```
const NUM=100;
```

NUM 标识符就是常量，只能在初始化时被赋值。

（2）变量

在声明变量时，在标识符的前面加上关键字 var，实例代码如下：

var scoreForStudent = 0.0;

该语句声明 scoreForStudent 变量，并且初始化为 0.0。如果在一个语句中声明和初始化了多个变量，那么所有的变量都具有相同的数据类型：

```
var x = 10, y = 20;
```

在多个变量的声明中，也能指定不同的数据类型：

```
var x = 10, y = true;
```

其中 x 为整型，y 为布尔型。

■ 12.2.3　运算符和表达式

不同的运算符对其处理的运算数类型有要求，例如，不能将两个由非数字字符组成的字符串进行乘法运算。JavaScript 会在运算过程中按需要自动转换运算数的类型，例如，由数字组成的字符串在进行乘法运算时将自动转换成数字。

运算数的类型不一定与表达式的结果相同，例如，表达式中的运算数往往不是布尔型数据，而返回结果总是布尔型数据。

根据运算数的个数，可以将运算符分为三种类型：一元运算符、二元运算符和三元运算符。

- 一元运算符是指只需要一个运算数参与运算的运算符，一元运算符的典型应用是取反运算。
- 二元运算符即指需要两个运算数参与运算，JavaScript 中的大部分运算符都是二元运算符，比如，加法运算符、比较运算符等。
- 三元运算符是运算符中比较特殊的一种，它可以将三个表达式合并为一个复杂的表达式。

（1）赋值运算符 (=)

作用：给变量赋值。

语法描述：

result = expression

语法解释：= 运算符和其他运算符一样，除了把值赋给变量外，使用它的表达式还有一个值。这就意味着可以像下面这样把赋值操作连起来写：

j = k = l = 0;

执行该语句后，j、k 和 l 的值都等于零。

因为（=）被定义为一个运算符，所以可以将它运用于更复杂的表达式。如：

（a=b）==0 // 先给 a 赋值 b，再检测 a 的值是否为 0。

赋值运算符的结合性是从右到左的，因此可以这样用：

a=b=c=d=100 // 给多个变量赋同一个值。

（2）加法赋值运算符 (+=)

作用：将变量值与表达式值相加，并将结果赋给该变量。

语法描述：

result += expression

（3）加法运算符 (+)

作用：将数字表达式的值加到另一数字表达式上，或连接两个字符串。

语法描述：

result = expression1 + expression2

语法解释：如果"+"（加号）运算符表达式中一个是字符串，而另一个不是，则另一个会被自动转换为字符串。

如果加号运算符中一个运算数为对象，则这个对象会被转化为可以进行加法运算的数字或可以进行连接运算的字符串，这一转化是通过调用对象的 valueof() 或 tostring() 方法来实现的。

加号运算符有将参数转化为数字的功能，如果不能转化为数字则返回 NaN。

如 var a="100"; var b=+a 此时 b 的值为数字 100。

+ 运算符用于数字或字符串时，并不一定就都会转化成字符串进行连接，如：

```
var a=1+2+"hello"   // 结果为 3hello
var b="hello"+1+2   // 结果为 hello12
```

产生这种情况的原因是 + 运算符是从左到右进行运算的。

（4）减法赋值运算符 (-=)

作用：从变量值中减去表达式值，并将结果赋给该变量。

语法描述：

```
result -= expression
```
使用 -= 运算符与使用下面的语句是等效的：
```
result = result – expression
```

（5）减法运算符 (-)

作用：从一个表达式的值中减去另一个表达式的值，只有一个表达式时取其相反数。

语法 1

```
result = number1 - number2
```

语法 2

```
-number
```

语法解释：在语法 1 中，- 运算符是算术减法运算符，用来获得两个数值之间的差。在语法 2 中，- 运算符被用作一元取负运算符，用来指出一个表达式的负值。

对于语法 2，和所有一元运算符一样，表达式按照下面的规则来求值：

- 如果应用于 undefined 或 null 表达式，则会产生一个运行时错误。
- 对象被转换为字符串。
- 如果可能，则字符串被转换为数值。如果不能，则会产生一个运行时的错误。
- Boolean 值被当作数值（如果是 false，则为 0，如果是 true，则为 1）。

该运算符被用来产生数值。在语法 2 中，如果生成的数值不是零，则 result 与生成的数值颠倒符号后是相等的。如果生成的数值是零，则 result 是零。

如果"-"减法运算符的运算数不是数字，那么系统会自动把它们转化为数字。

也就是说，加号运算数会被优先转化为字符串，而减号运算数会被优先转化为数字。以此类推，只能进行数字运算的运算符的运算数都将被转化为数字（比较运算符也会优先转化为数字进行比较）。

（6）递增 (++) 和递减 (--) 运算符

作用：变量值递增一或递减一。

语法 1

```
result = ++variable
result = --variable
result = variable++
result = variable--
```

语法 2

```
++variable
--variable
variable++
variable—
```

语法解释：递增和递减运算符是修改变量中的值的快捷方式。包含其中一个这种运算符的表达式的值，依赖于该运算符是在变量前面还是在变量后面。

递增运算符（++），只能运用于变量，如果用在变量前则为前递增运算符，如果用于变量后则为后递增运算符。前递增运算符会用递增后的值进行计算，而后递增运算符用递增前的值进行运算。

递减运算符的用法与递增运算符的用法相同。

（7）乘法赋值运算符 (*=)

作用：变量值乘以表达式值，并将结果赋给该变量。

语法描述：

```
result *= expression
```

使用 *= 运算符和使用下面的语句是等效的：

```
result = result * expression
```

（8）乘法运算符 (*)

作用：两个表达式的值相乘。

语法描述：

```
result = number1*number2
```

（9）除法赋值运算符 (/=)

作用：变量值除以表达式值，并将结果赋给该变量。

语法描述：

```
result /= expression
```

使用 /= 运算符和使用下面的语句是等效的：

```
result = result / expression
```

（10）除法运算符 (/)

作用：将两个表达式的值相除。

语法描述：

```
result = number1 / number2
```

（11）逗号运算符 (,)

作用：顺序执行两个表达式。

语法描述：

```
expression1, expression2
```

语法解释：, 运算符使它两边的表达式以从左到右的顺序被执行，并获得右边表达式的值。运算符最普通的用途是在 for 循环的递增表达式中使用。例如：

```
for (i = 0; i < 10; i++, j++)
{
  k = i + j;
}
```

每次通过循环的末端时， for 语句只允许单个表达式被执行。运算符被用来允许多个表达式被当作单个表达式，从而规避该限制。

（12）取余赋值运算符 (%=)

作用：变量值除以表达式值，并将余数赋给变量。

语法描述：

```
result %= expression
```

使用 %= 运算符与使用下面的语句是等效的：

```
result = result % expression
```

（13）取余运算符 (%)

一个表达式的值除以另一个表达式的值，返回余数。

语法描述：

```
Result = number1 % number2
```

语法解释：取余（或余数）运算符用 number1 除以 number2 （把浮点数四舍五入为整数），然后只返回余数作为 result。例如，在下面的表达式中，A （即 result）等于 5。

```
A = 19 % 6.7
```

（14）比较运算符

作用：返回表示比较结果的 Boolean 值。

语法描述：

```
expression1 comparisonoperator expression2
```

说明：比较字符串时，JScript 使用字符串表达式的 Unicode 字符值。

（15）关系运算符（<、>、<=、>=）

关于关系运算符的解释如下：

- 试图将 expression1 和 expression2 都转换为数字。
- 如果两表达式均为字符串，则按字典序进行字符串比较。
- 如果其中一个表达式为 NaN，返回 false。
- 负零等于正零。
- 负无穷小于包括其本身在内的任何数。
- 正无穷大于包括其本身在内的任何数。

比较运算符如大于、小于等只能对数字或字符串进行比较，不是数字或字符串类型的，将被转化为数字或字符串类型。如果同时存在字符串和数字，则字符串优先转化为数字，如不能转化为数字，则转化为 NaN，此时表达式的最后结果为 false。如果对象可以转化为数字或字符串，则它会被优先转化为数字。如果运算数都不能被转化为数字或字符串，则结果为 false。如果运算数中有一个为 NaN，或被转化为了 NaN，则表达式的结果总是为

false。当比较两个字符串时，是将逐个字符进行比较，按照的是字符在 Unicode 编码集中的数字，因此字母的大小写也会对比较结果产生影响。

（16）相等运算符 （==、!=）

作用：如果两表达式的类型不同，则试图将它们转换为字符串、数字或 Boolean 量。NaN 与包括其本身在内的任何值都不相等，负零等于正零。

ull 与 null 和 undefined 相等。

说明：相同的字符串、数值上相等的数字、相同的对象、相同的 Boolean 值或者（当类型不同时）能被强制转化为上述情况之一的，均被认为是相等的。

其他比较均被认为是不相等的。

关于（==），要想使等式成立，需满足的条件是：

等式两边类型不同，但经过自动转化类型后的值相同，转化时如果有一边为数字，则另一边的非数字类型会优先转化为数字类型；布尔值始终是转化为数字进行比较的，不管等式两边中有没有数字类型，true 转化为 1，false 转化为 0。对象也会被转化。

    null==undefined

（17）恒等运算符 （===、!==）

作用：除了不进行类型转换，并且类型必须相同以外，这些运算符与相等运算符的作用是一样的。

说明：关于（===），要想使等式成立，需满足的条件是：

等式两边值相同，类型也相同。

如果等式两边是引用类型的变量，如数组、对象、函数，则要保证两边引用的是同一个对象，否则即使是两个单独的完全相同的对象也不会完全相等。

等式两边的值都是 null 或 undefined，但如果是 NaN 就不会相等。

（18）条件（三目）运算符 (?:)

作用：根据条件执行两个语句中的其中一个。

语法描述：

test ? 语句 1 : 语句 2

语法解释：当 test 是 true 或者 false 时执行的语句。可以是复合语句。

（19）delete 运算符

作用：从对象中删除一个属性，或从数组中删除一个元素。

语法描述：

    delete expression

语法解释：expression 参数是一个有效的 JScript 表达式，通常是一个属性名或数组元素。

如果 expression 的结果是一个对象，且在 expression 中指定的属性存在，而该对象又不允许它被删除，则返回 false。在所有其他情况下，返回 true。

delete 是一个一元运算符，用来删除运算数指定的对象属性、数组元素或变量，如果删除成功返回 true，删除失败则返回 false。并不是所有的属性和变量都可以删除，比如用 var 声明的变量就不能删除，内部的核心属性和客户端的属性也不能删除。要注意的是，用 delete 删除一个不存在的属性时 (或者说它的运算数不是属性、数组元素或变量时)，将返回 true。

delete 影响的只是属性或变量名，并不会删除属性或变量引用的对象（如果该属性或变量是一个引用类型时）。

（20）in 运算符

作用：测试对象中是否存在该属性。

语法描述：

 prop in objectName

语法解释：in 操作检查对象中是否有名为 property 的属性。也可以检查对象的原型，以便知道该属性是否为原型链的一部分。

in 运算符要求其左边的运算数是一个字符串或者可以被转化为字符串；右边的运算数是一个对象或数组，如果左边的值是右边对象的一个属性名，则返回 true。

（21）new 运算符

作用：创建一个新对象。

语法描述：

 new constructor[(arguments)]

new 运算符执行下面的任务：

- 一个没有成员的对象。
- 对象调用构造函数，传递一个指针给新创建的对象作为 this 指针。
- 构造函数根据传递给它的参数初始化该对象。

（22）typeof 运算符

作用：返回一个用来表示表达式的数据类型的字符串。

语法描述：

 typeof[()expression[]] ;

说明：expression 参数是需要查找类型信息的任意表达式。

typeof 运算符把类型信息当作字符串返回。typeof 返回值有 6 种可能："number""string""boolean""object""function"和"undefined"。

typeof 语法中的圆括号是可选项。

typeof 也是一个运算符，用于返回运算数的类型，typeof 也可以用括号把运算数括起来。typeof 对对象和数组返回的都是 object，因此它只在用来区分对象和原始数据类型时才有用。

（23）instanceof 运算符

作用：返回一个 Boolean 值，指出对象是否是特定类的一个实例。

语法描述：

 result = object instanceof class

语法解释：如果 object 是 class 的一个实例，则 instanceof 运算符返回 true。如果 object 不是指定类的一个实例，或者 object 是 null，则返回 false。

instanceof 运算符要求其左边的运算数是一个对象，右边的运算数是对象类的名字，如果运算符左边的对象是右边类的一个实例，则返回 true。在 js 中，对象类是由构造函数定义的，所以右边的运算数应该是一个构造函数的名字。注意，js 中所有对象都是 Object 类的实例。

（24）void 运算符

作用：避免表达式返回值。

语法描述：

 void expression

expression 参数是任意有效的 JScript 表达式。

表达式是关键字、运算符、变量以及文字的组合，用来生成字符串、数字或对象。一个表达式可以完成计算、处理字符、调用函数、验证数据等操作。表达式的值是表达式运算的结果，常量表达式的值就是常量本身，变量表达式的值则是变量引用的值。

在实际编程中，可以使用运算数和运算符建立复杂的表达式，运算数是一个表达式内的变量和常量，运算符是表达式中用来处理运算数的各种符号。如果表达式中存在多个运算符，那么它们总是按照一定的顺序被执行，表达式中运算符的执行顺序被称为运算符的优先级。使用运算符 () 可以改变默认的运算顺序，因为括号运算符的优先级高于其他运算符的优先级。赋值操作的优先级非常低，几乎总是最后才被执行。

■ 12.2.4 基本语句

在 JavaScript 中主要有两种基本语句：一种是循环语句，如 for、while ；一种是条件语句，如 if 等。另外，还有一些其他的程序控制语句，下面详细介绍这些基本语句的使用方法。

（1）if 语句

条件语句用于基于不同的条件来执行不同的动作，在写代码时，总是需要为不同的决定来执行不同的动作。可以在代码中使用条件语句来完成该任务。

在 JavaScript 中，可使用以下条件语句：

- if 语句：只有当指定条件为 true 时，使用该语句来执行代码。
- if...else 语句：当条件为 true 时执行代码，当条件为 false 时执行其他代码。
- JavaScript 三目运算：当条件为 true 时执行代码，当条件为 false 时执行其他代码。
- if...else if....else 语句：使用该语句来选择多个代码块之一来执行。
- switch 语句：使用该语句来选择多个代码块之一来执行。

只有当指定条件为 true 时，该语句才会执行代码。

语法描述：

```
if (condition)
 {
 当条件为 true 时执行的代码
 }
```

需要注意的是请使用小写的 if。使用大写字母（IF）会生成 JavaScript 错误。

小试身手：点击按钮会出现问候语

示例代码如下：

```
<!DOCTYPE html>
<html>
```

```
<head>                                      var x="";
<meta charset="utf-8">                      var time=new Date().getHours();
<title>if 语句 </title>                      if (time<18){
</head>                                      x="Good day";
<body>                                       }
<p> 如果时间早于 18:00，会获得问候           document.getElementById("demo").
"Good day"。</p>                             innerHTML=x;
<button onclick="myFunction()"> 点击这里     }
</button>                                    </script>
<p id="demo"></p>                            </body>
<script>                                     </html>
function myFunction(){
```

代码的运行效果如图 12-3 所示。

图 12-3

在这个语法中，没有 ..else..。已经提示浏览器只有在指定条件为 true 时才执行代码。

（2）if...else 语句

使用 if....else 语句在条件为 true 时执行代码，在条件为 false 时执行其他代码。

语法描述：

```
if (condition)
 {
 当条件为 true 时执行的代码
 }
else
 {
 当条件不为 true 时执行的代码
 }
```

小试身手：用时间点来设置问候语

示例代码如下：

```
<!DOCTYPE html>
```

```
<html>                                      var time=new Date().getHours();
<head>                                      if (time<20)
<meta charset="utf-8">                      {
<title> if....else 语句 </title>            x="Good day";
</head>                                      }
<body>                                       else
<p> 点击这个按钮，获得基于时间的问候。       {
</p>                                         x="Good evening";
<button onclick="myFunction()"> 点击这里      }
</button>                                     document.getElementById("demo").
<p id="demo"></p>                            innerHTML=x;
<script>                                      }
function myFunction()                        </script>
{                                            </body>
var x="";                                    </html>
```

代码的运行效果如图 12-4 所示。

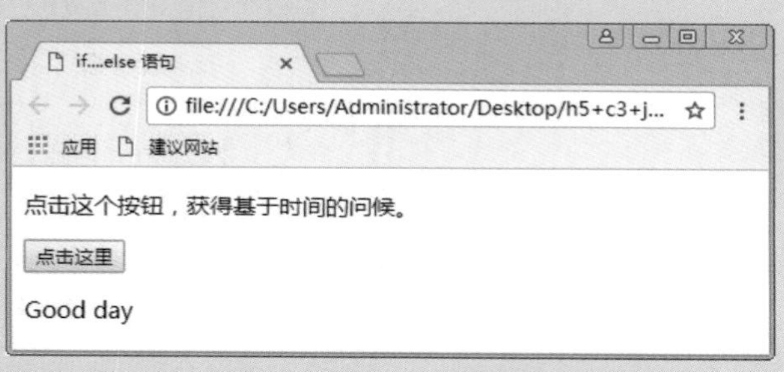

图 12-4

（3）for 语句

for 语句的作用是循环可以将代码块执行指定的次数。若想多次运行相同的代码，并且每次的值都不同，那么使用循环是很方便的。

一般写法：

```
document.write(cars[0] + "<br>" );
document.write(cars[1] + "<br>" );
document.write(cars[2] + "<br>" );
document.write(cars[3] + "<br>" );
document.write(cars[4] + "<br>" );
document.write(cars[5] + "<br>" );
```

使用 for 循环：

```
for (var i=0;i<cars.length;i++)
{
document.write(cars[i] + "<br>");
}
```

下面是 for 循环的语法描述：

```
for ( 语句 1; 语句 2; 语句 3)
```

```
{
被执行的代码块
}
```

语法解释：语句 1：（代码块）开始前执行 starts；语句 2：定义运行循环（代码块）的条件；语句 3：在循环（代码块）已被执行之后执行。

通常会使用语句 1 初始化循环中所用的变量 (var i=0)，语句 1 是可选的，也就是说不使用语句 1 也可以，可以在语句 1 中初始化任意（或者多个）值。

语句 2 用于评估初始变量的条件，语句 2 同样是可选的，如果语句 2 返回 true，则循环再次开始，如果返回 false，则循环结束。如果省略了语句 2，那么必须在循环内提供 break，否则循环无法停下。这样有可能使浏览器崩溃。

语句 3 会增加初始变量的值，语句 3 也是可选的，语句 3 有多种用法，增量可以是负数 (i--)，或者更大 (i=i+15)，语句 3 也可以省略（比如当循环内部有相应的代码时）。

小试身手：设置循环语句的方法

循环语句方法的示例代码如下：

```html
<!DOCTYPE html>
<html>
<head>
<meta charset="utf-8">
<title>for 语句 </title>
</head>
<body>
<p> 点击按钮循环代码 5 次。</p>
<button onclick="myFunction()"> 点击这里
</button>
<p id="demo"></p>
<script>
function myFunction(){
var x="";
for (var i=0;i<5;i++){
x=x + " 该数字为 "+ i + "<br>";
}
document.getElementById("demo").
innerHTML=x;
}
</script>
</body>
</html>
```

代码的运行效果如图 12-5 所示。

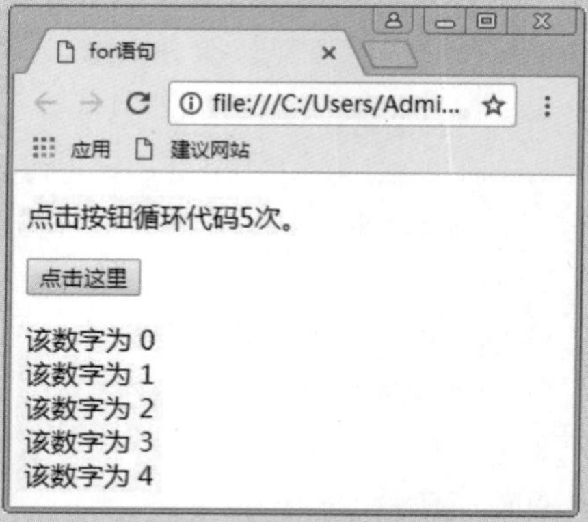

图 12-5

从上面的例子中可以看出：

- 在循环开始之前设置变量 (var i=0)。
- 定义循环运行的条件（i 必须小于 5）。
- 在每次代码块已被执行后增加一个值 (i++)。

（4）while 语句

JavaScript 中的 while 循环的目的是为了反复执行语句或代码块。只要指定条件为 true，循环就可以一直执行代码块。

语法描述：

```
while ( 条件 )
{
需要执行的代码
}
```

小试身手：while 循环的用法

示例代码如下：

```
<!DOCTYPE html>
<html>
<head>
<meta charset="utf-8">
<title> while 语句 </title>
</head>
<body>
<p> 点击下面的按钮，只要 i 小于 5 就一
直循环代码块。</p>
<button onclick="myFunction()"> 点击这里
</button>
<p id="demo"></p>
<script>
function myFunction(){
var x="",i=0;
while (i<5){
x=x + " 该数字为 "+ i +"<br>";
i++;
}
document.getElementById("demo").
innerHTML=x;
}
</script>
</body>
</html>
```

代码的运行效果如图 12-6 所示。

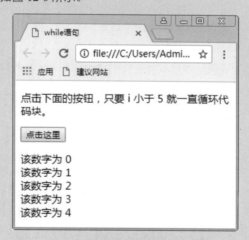

图 12-6

本例中的循环将继续运行，只要变量 i 小于 5。

12.3 JavaScript 事件分析

HTML 事件可以是浏览器行为，也可以是用户行为。HTML 网页中的每个元素都可

以产生某些可以触发 JavaScript 函数的事件。在事件触发时，JavaScript 可以执行一些代码。HTML 元素中可以添加事件属性，使用 JavaScript 代码可以添加 HTML 元素。

12.3.1　事件类型

与浏览器进行交互时，浏览器就会触发各种事件。比如，当打开某一网页时，浏览器加载完成了这个网页，就会触发一个 load 事件；当点击页面中的某一个"地方"，浏览器就会在那个"地方"触发一个 click 事件。就可以编写 JavaScript，通过监听某一个事件，来实现某些功能扩展。例如，监听 load 事件，显示欢迎信息，那么当浏览器加载完一个网页之后，就会显示欢迎信息。

（1）监听事件

浏览器会根据某些操作触发对应事件，如果需要对某种事件进行处理，则需要监听这个事件。监听事件的方法主要有以下几种。

第一种：HTML 内联属性（避免使用）

HTML 元素里面直接填写事件有关属性，属性值为 JavaScript 代码，即可在触发该事件时，执行属性值的内容。

例如：

```
<button onclick="alert(' 点击了这个按钮 ');"> 点击这个按钮 </button>
```

onclick 属性表示触发 click，属性值的内容（JavaScript 代码）会在单击该 HTML 节点时执行。

显而易见，使用这种方法，JavaScript 代码与 HTML 代码耦合在了一起，不便于维护和开发。所以除非必须使用（例如统计链接点击数据），否则尽量避免使用这种方法。

第二种：DOM 属性绑定

也可以直接设置 DOM 属性来指定某个事件对应的处理函数，这个方法比较简单：

```
element.onclick = function(event){

    alert(' 你点击了这个按钮 ');
};
```

上面代码就是监听 element 节点的 click 事件。它比较简单易懂，而且有较好的兼容性。但是也有缺陷，因为直接赋值给对应属性，所以如果在后面代码中再次为 element 绑定一个回调函数，会覆盖掉之前回调函数的内容。

虽然也可以用一些方法实现多个绑定，但还是推荐下面的标准事件监听函数。

第三种：使用事件监听函数

标准的事件监听函数如下：

```
element.addEventListener(<event-name>, <callback>, <use-capture>);
```

表示在 element 这个对象上面添加一个事件监听器，当监听到有 <event-name> 事件发生时，调用 <callback> 这个回调函数。至于 <use-capture> 这个参数，表示该事件监听是在"捕获"阶段中监听（设置为 true），还是在"冒泡"阶段中监听（设置为 false）。关于捕获和冒泡，会在后面讲解。

用标准事件监听函数改写上面的例子：

```
var btn = document.getElements
ByTagName('button');
btn[0].addEventListener('click', function() {
    alert(' 你点击了这个按钮 ');
}, false);
```

这里最好是为 HTML 结构定义个 id 或者 class 属性，为方便选择，在这里只作为演示使用。

制作阻止页面，示例代码如下：

```
<html>
```

代码的运行效果如图 12-7 所示。

```
<meta charset="UTF-8">
  <body>
    <button id="btn"> 点击这里 </button>
  </body>
</html>
<script type="text/javascript">
var btn = document.getElement
ById('btn');
btn.addEventListener('click', function(){
    alert(' 你点击了这里 ');
}, false);
</script>
```

图 12-7

（2）移除事件监听

当为某个元素绑定了一个事件，每次触发这一事件时，都会执行事件绑定的回调函数。如果想解除绑定，需要使用 removeEventListener 方法：

element.removeEventListener(<event-name>, <callback>, <use-capture>);

需要注意的是，绑定事件时的回调函数不能是匿名函数，必须是一个声明的函数，因为解除事件绑定时需要传递这个回调函数的引用，才可以断开绑定。

小试身手：移除监听事件的用法

示例代码如下：

```
<html>
<body>
<button id="btn"> 点击这里 </button>
</body>
</html>
<script type="text/javascript">
var btn = document.getElementById
('btn');
```

代码的运行效果如图 12-4 所示。

```
var fun = function(){
alert(' 这个按钮只支持一次点击 ');
btn.removeEventListener('click', fun, false);
};
btn.addEventListener('click', fun, false);
</script>
```

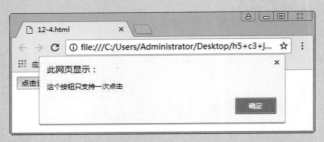

图 12-8

当关闭此弹窗后再次点击按钮，将不会弹出弹窗。

（3）事件进阶话题

IE 浏览器的差异和兼容性问题，使得它对于事件的操作与标准和其他浏览器有一些差异。

在 IE 下面绑定一个事件监听，IE9- 无法使用标准的 addEventListener 函数，而是使用自家的 attachEvent，具体用法：

element.attachEvent(<event-name>, <callback>);

其中 <event-name> 参数需要注意，它需要为事件名称添加 on 前缀，例如，有个事件叫 click，标准事件监听函数监听 click，IE 需要监听 onclick。另外，它没有第三个参数，也就是说它只支持监听在冒泡阶段触发的事件，所以为了统一，在使用标准事件监听函数时，第三个参数传递 false。

（4）事件回调函数的作用域问题

与事件绑定在一起的回调函数作用域会有问题，来看一段代码：

Events in JavaScript: Removing event listeners

回调函数调用的 user.greeting 函数作用域应该是在 user 下的，本想输出 My name is Bob，结果却输出了 My name is undefined。这是因为事件绑定函数时，该函数会以当前元素为作用域执行。为了证明这一点，可以为当前 element 添加属性：

element.firstname = 'desheng

再次点击，可以正确弹出 My name is jiangshui。

（5）用 JavaScript 模拟触发内置事件

内置的事件也可以被 JavaScript 模拟触发，比如，下面函数模拟触发单击事件：

```
function simulateClick() {
 var event = new MouseEvent('click', {
  'view': window,
  'bubbles': true,
  'cancelable': true
 });
  var cb = document.getElementById
('checkbox');
  var canceled = !cb.dispatchEvent(event);

if (canceled) {
  // A handler called preventDefault.
  alert("canceled");
 } else {
   // None of the handlers called
preventDefault.
  alert("not canceled");
 }
}
```

（6）自定义事件

可以自定义事件来实现更灵活的开发，事件用好了可以是一件很强大的工具，基于事件的开发有很多优势，与自定义事件的函数有 Event、CustomEvent 和 dispatchEvent。

直接自定义事件，使用 Event 构造函数：

```
var event = new Event('build');

// Listen for the event.
elem.addEventListener('build', function (e) {
... }, false);
// Dispatch the event.
elem.dispatchEvent(event);
```

CustomEvent 可以创建一个更高度自定义事件，还可以附带一些数据，具体用法如下：

```
var myEvent = new CustomEvent
(eventname, options);
代码中的 options 可以是：
{
    detail: {
        ...
    },
    bubbles: true,
    cancelable: false
}
```

其中 detail 可以存放一些初始化信息，可以在触发时调用。其他属性就是定义该事件是否具有冒泡等功能。

12.3.2　事件句柄

很多动态性的程序都定义了事件句柄，当某个事件发生时，Web 浏览器会自动调用相应的事件句柄。由于客户端 JavaScript 的事件是由 HTML 对象引发的，因此事件句柄被定义为这些对象的属性。要定义在用户点击表单中的复选框时调用事件句柄，只需把处理代码作为复选框的 HTML 标记的属性：

```
<input type="checkbox" name="options"
value="giftwrap" onclick="giftwrap=this.checked;">
```

在这段代码中，onclick 的属性值是一个字符串，其中包含一个或多个 JavaScript 语句。如果其中有多条语句，必须使用分号将每条语句隔开。当指定的事件发生时，字符串的 JavaScript 代码就会被执行。

需要说明的是，HTML 的事件句柄属性并不是定义 JavaScript 事件句柄的唯一方式。也可以在一个 <script> 标记中使用 JavaScript 代码，来为 HTML 元素指定 JavaScript 事件句柄。下面介绍几个最常用的事件句柄属性。

- onclick：所有类似按钮的表单元素和标记 <a> 及 <area> 都支持该句柄属性。当用户点击元素时会触发它。如果 onclick 处理程序返回 false，则浏览器不执行任何与按钮和链接相关的默认动作，例如，它不会进行超链接或提交表单。
- onmousedown，onmouseup：这两个事件句柄和 onclick 非常相似，只不过分别在用户按下和释放鼠标时触发。大多数文档元素都支持这两个事件句柄属性。
- onmouseover，onmouseout：分别在鼠标指针移到或移出文档元素时触发。
- onchange：<input> <select> 和 <textarea> 元素支持这个事件句柄。在用户改变了元素显示的值，或移出了元素的焦点时触发。
- onload：这个事件句柄出现在 <body> 标记上，当文档及其外部内容完全载入时触发。onload 句柄常常用来触发操作文档内容的代码，因为它表示文档已经达到了一个稳定的状态并且修改它是安全的。

■ 12.3.3 事件处理

一旦产生了事件，就要去处理，JavaScript 事件处理程序主要有以下 3 种方式。

（1）HTML 事件处理程序

直接在 HTML 代码中添加事件处理程序，如下面这段代码：

```
<input id="btn1" value=" 按钮 " type="button" "onclick=""showmsg();">
<script>
function showmsg(){
alert("HTML 添加事件处理 ");
}
</script>
```

从代码中可以看出，事件处理是直接嵌套在元素里的，这样就有一个弊病：HTML 代码和 js 的耦合性太强，如果想要改变 js 中 showmsg，不但要在 js 中修改，还需要到 HTML 中修改，一两处的修改能接受，但是当代码达到万行级别的时候，修改起来就要大费周章了。所以，不推荐使用该方式。

（2）DOM0 级事件处理程序

DOM0 是为指定对象添加事件处理，代码如下：

```
<input id="btn2" value=" 按 钮            btn2.onclick=function(){
"type="button">                          alert("DOM0 级添加事件处理 ");}
<script>                                  btn.onclick=null;// 如果想要删除 btn2 的
var btn2= document.getElementById         点击事件，将其置为 null 即可
("btn2");                                 </script>
```

从代码中可以看出，相对于 HTML 事件处理程序，DOM0 级事件，HTML 代码和 js 代码的耦合性已经大大降低。但这还不够，还需要更简便的处理方式，下面就来说说第三种处理方法。

（3）DOM2 级事件处理程序

DOM2 也是对特定的对象添加事件处理程序，主要涉及两个方法，用于添加和删除事件处理程序的操作：addEventListener() 和 removeEventListener()。它们都接收三个参数：要处理的事件名、作为事件处理程序的函数和一个布尔值（是否在捕获阶段处理事件）。

为特定的对象添加事件处理程序，代码如下：

```
<input id="btn3" value=" 按钮 " type="button">
<script>
var btn3=document.getElementById("btn3");
```

btn3.addEventListener（"click",showmsg,false);// 这里我们把最后一个值置为 false，即不在捕获阶段处理，一般来说冒泡处理在各浏览器中兼容性较好。

```
function showmsg(){
alert（"DOM2 级添加事件处理程序"）;
}
```

btn3.removeEventListener（"click",showmsg,false);// 如果想要把这个事件删除，只需要传入同样的参数即可。

```
</script>
```

这里可以看到，在添加删除事件处理时，最后一种方法更直接，也最简便。但需要注意的是，在删除事件处理时，传入的参数一定要与之前的参数一致，否则删除会失效。

12.4 课堂练习

本章的课堂练习是制作一个在网页中停留时间的特效，效果如图 12-9 所示。

图 12-9

图 12-9 效果的代码如下：

```html
<!doctype html>
<html>
<head>
<meta charset="utf-8">
<title> 无标题文档 </title>
</head>

<body>
<!-- 定义表单名称 forms-->
<form name="forms">
<div align="left">
  <!-- 定义文本框名称 input1-->
   <input type="text" name="input1"
size="10"/>
   <script>
    <!--
    var sec= 0,min= 0,hou= 0;
    flag=0;
              idt=window.
setTimeout("update();",1000);// 每隔 1s 刷
新一次
    function update()  // 定义函数计算停
留时间
   {
     sec++;
     if(sec==60){
        sec=0;
        min+=1;
     }
     if(min==60){
        min=0;
        hou+=1;
     }
     // 如果停留时间少于 1 分钟，弹出
提示信息
     if((min>0)&&(flag==0))
     {
        window.alert(" 欢迎光临！ ");
        flag=1;
     }
     // 显示停留时间信息
     document.forms.input1.value=hou+"
时 "+min+" 分 "+sec+" 秒 ";
              idt=window.
setTimeout("update();",1000);
   }// -->
  </script>
</div>
</form>
</body>
</html>
```

强化训练

在网页设计中，文字有很多特效，为了让用户有更好的交互体验，设计师经常给文字或者背景做一些效果，下面的强化练习是为文字添加渐变效果。

最终的效果如图 12-10 所示。

图 12-10

操作提示：

提示代码如下：

```
<script language="JavaScript">
<!-- Hide
function MakeArray(n){
  this.length=n;
  for(var i=1; i<=n; i++) this[i]=i-1;
  return this
}
hex=new MakeArray(16);
hex[11]="A"; hex[12]="B"; hex[13]="C";
hex[14]="D"; hex[15]="E"; hex[16]="F";
function ToHex(x){
  var high=x/16;
  var s=high+"";
  s=s.substring(0,2);
  high=parseInt(s,10);
  var left=hex[high+1];
  var low=x-high*16;
  s=low+"";
  s=s.substring(0,2);
  low=parseInt(s,10);
  var right=hex[low+1];
  var string=left+""+right;
  return string;
}
</script>
```

本章结束语

本章主要讲述了 JavaScript 的基础知识，包括 JavaScript 的入门基础、基本语法和事件分析。这些知识都是基石，想要深入地了解 JavaScript，就必须掌握本章所讲解的知识，打好基础，这样以后的内容学习起来才不会感觉吃力。

CHAPTER 13
特效应用

本章概述 SUMMARY

本章讲解 JavaScript 函数的应用、JavaScript 函数的定义、参数及调用方法。本章还将讲解一些网页典型特效的使用方法。

■ 学习目标
了解 JavaScript 函数的定义。
掌握 JavaScript 函数调用方法。
学会 JavaScript 的事件分析。

■ 课时安排
理论知识 1 课时。
上机练习 1 课时。

知识导图：

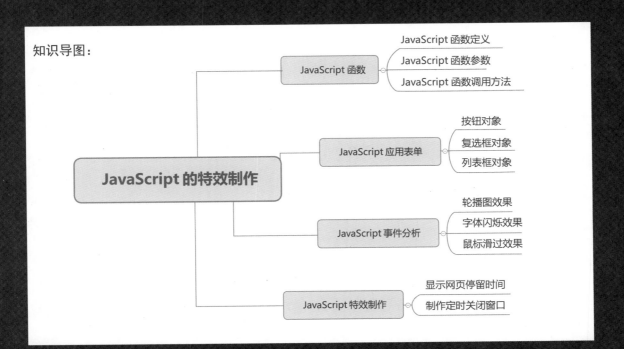

13.1 JavaScript 函数

JavaScript 函数就是在花括号中的代码块，前面使用关键词 function：function functionname() { 这里是要执行的代码 }。当调用该函数时，会执行函数内的代码。可以在某事件发生时直接调用函数。

■ 13.1.1 JavaScript 函数定义

JavaScript 使用关键字 function 定义函数。函数可以通过声明定义，也可以是一个表达式。

语法描述：

```
function functionname()
{
执行代码
}
```

当调用该函数时，会执行函数内的代码。可以在某事件发生时直接调用函数（比如当用户点击按钮时），并且可由 JavaScript 在任何位置进行调用。

小试身手：关键字 function 调用函数

示例代码如下：

```
<!DOCTYPE html>
<html>
<head>
<script>
function myFunction()
{
alert(" 你好 !");
}
</script>
</head>
<body>
<button onclick="myFunction()"> 试一试 </
button>
</body>
</html>
```

代码的运行效果如图 13-1 所示。

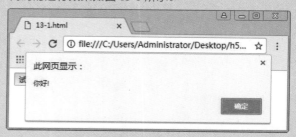

图 13-1

--- 知识拓展 ---

function 中的花括号是必需的，即使函数体内只包含一条语句，也必须使用花括号将其括起来。

（1）调用带参数的函数

在调用函数时，可以向其传递值，这些值被称为参数。这些参数可以在函数中使用。可以发送任意多的参数，由逗号 (,) 分隔：

语法格式如下：

```
myFunction(argument1,argument2)
```

当声明函数时，请把参数作为变量来声明：

```
function myFunction(var1,var2)
{
代码
}
```

变量和参数必须以一致的顺序出现。第一个变量就是第一个被传递的参数的给定值，以此类推。

小试身手：点击按钮出现欢迎词的制作

示例代码如下：

```
<!DOCTYPE html>
<html>
<head>
<meta charset="utf-8">
<title></title>
</head>
<body>
<p> 点击下面这个按钮，来调用带参数的
函数。</p>
<button onclick="myFunction(' 光 临 ',' 网
页 ')"> 点击这里 </button>
<script>
function myFunction(name,job)
{
alert(" 欢迎 " + name + ", 此 " + job);
}
</script>
</body>
s</html>
```

代码的运行效果如图 13-2 所示。

图 13-2

（2）带有返回值的函数

如果希望函数将值返回调用它的地方，可以通过使用 return 语句来实现。在使用 return 语句时，函数会停止执行，并返回指定的值。

语法描述：

```
function myFunction()
{
var x=5;
return x;
```

```
}
```

上面的函数会返回值 5。整个 JavaScript 并不会停止执行，JavaScript 从调用函数的地方继续执行代码。

函数调用将被返回值取代：

```
var myVar=myFunction();
```

函数 "myFunction()" 所返回的值 myVar 的变量值是 5。

小试身手：利用函数计算数值

示例代码如下：

```
<!DOCTYPE html>
<html>
<head>
<meta charset="utf-8">
<title></title>
</head>
<body>
<p> 调用的函数会执行一个计算，返回的
结果为：</p>
<p id="demo"></p>
<script>
function myFunction(a,b){
return a*b;
}
```

```
document.getElementById("demo").
innerHTML=myFunction(5,7);
</script>
</body>
</html>
```

代码的运行效果如图 13-3 所示。

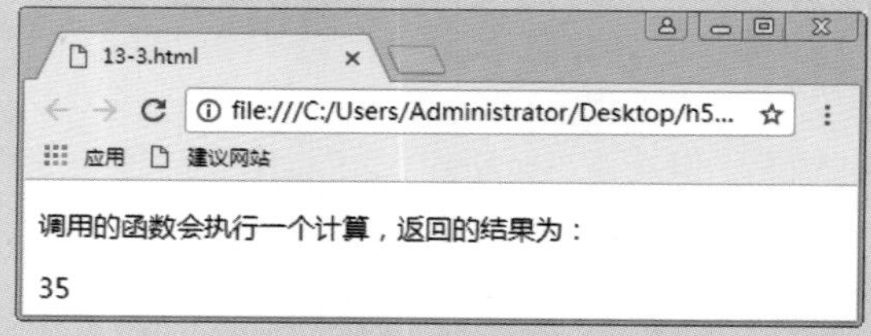

图 13-3

> 知识拓展
>
> 若想退出函数，可使用 return 语句。

语法描述：

```
function myFunction(a,b)
{
if (a>b)
 {
 return;
 }
x=a+b
}
```

上述语法中，如果 a 大于 b，代码将退出函数，并不计算 a 和 b 的总和。

■ 13.1.2 JavaScript 函数参数

JavaScript 函数对参数的值 (arguments) 没有进行任何的检查。其参数与大多数其他语言的函数参数的区别在于：它不会关注有多少个参数被传递；不关注传递的参数的数据类型。

JavaScript 参数的规则如下：

- JavaScript 函数定义时参数没有指定数据类型。
- JavaScript 函数对隐藏参数 (arguments) 没有进行检测。
- JavaScript 函数对隐藏参数 (arguments) 的个数没有进行检测。

（1）默认参数

如果函数在调用时缺少参数，参数会默认设置为：undefined，最好为参数设置一个默认值。

小试身手：给参数设置默认值

示例代码如下：

```
<!DOCTYPE html>
<html>
<head>
<meta charset="utf-8">
<title></title>
</head>
<body>
<p> 设置参数的默认值 </p>
<p id="demo"></p>
<script>
function myFunction(x, y) {
    if (y === undefined) {
        y = 0;
    }
    return x * y;
}
```

```
document.getElementById("demo").
innerHTML = myFunction(4);
</script>
</body>
</html>
```

代码的运行效果如图 13-4 所示。

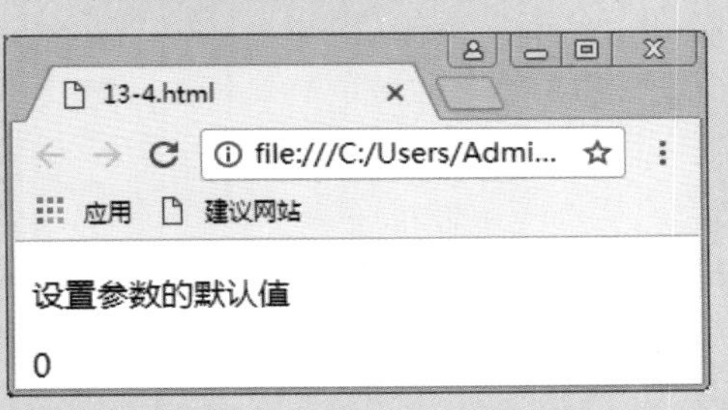

图 13-4

也可以这样设置默认参数：

```
function myFunction(x, y) {
    y = y || 0;
}
```

此段代码表示如果 y 已经定义，y||0 返回 y，因为 y 是 true，否则返回 0，因为 undefined 为 false。

（2）arguments 对象

JavaScript 函数有个内置的对象——arguments 对象，如果函数调用时设置了过多的参数，参数将无法被引用，因为无法找到对应的参数名，只能使用 arguments 对象来调用。

arguments 对象包含了函数调用的参数数组，通过这种方式可以很方便地找到最后一个参数的值。

小试身手：设置查找值的函数

示例代码如下：

```
<!DOCTYPE html>
<html>
<head>
```

```
<meta charset="utf-8">
<title></title>
</head>
<body>
<p> 查找最大的数。</p>
<p id="demo"></p>
<script>
x = findMax(1, 123, 500, 115, 44, 88);
function findMax() {
var i, max = arguments[0];
if(arguments.length < 2){
return max;
}
for (i = 1; i < arguments.length; i++) {
if (arguments[i] > max) {
max = arguments[i];
}
}
```

```
return max;
}
document.getElementById("demo").
innerHTML = findMax(4, 5, 6);
</script>
</body>
</html>
```

代码的运行效果如图 13-5 所示。

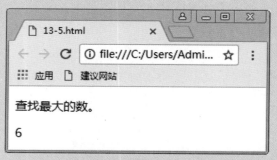

图 13-5

（3）通过值传递参数

在函数中调用的参数是函数的参数，如果函数修改参数的值，将不会修改参数的初始值（在函数外定义）。

示例代码如下：

```
var x = 1;
// 通过值传递参数
function myFunction(x) {
    x++; // 修改参数 x 的值，将不会修改在函数外定义的变量 x
    console.log(x);
}
myFunction(x); // 2
console.log(x); // 1
```

JavaScript 函数传递值只是将参数的值传入函数，函数会另外配置内存保存参数值，所以并不会改变原参数的值。

（4）通过对象传递参数

在 JavaScript 中，可以引用对象的值，因此在函数内部修改对象的属性就会修改其初始的值，修改对象属性可作用于函数外部（全局变量）。

示例代码如下：

```
var obj = {x:1};
// 通过对象传递参数
function myFunction(obj) {
    obj.x++; // 修改参数对象 obj.x 的值，函数外定义的 obj 也将会被修改
    console.log(obj.x);
}
myFunction(obj); // 2
console.log(obj.x); // 2
```

■ 13.1.3 JavaScript 函数调用方法

在 JavaScript 中，函数的调用方法有 4 种：函数模式、方法模式、构造器模式和上下文模式。

（1）函数模式

函数模式是一个简单的函数调用，函数名的前面没有任何引导内容。

语法描述：

```
function foo () {}
var func = function () {};
...
foo();
func();
(function (){})();
```

此语法中 this 的含义是：在函数中 this 表示全局对象，在浏览器中是 Window。

（2）方法模式

方法一定是依附于一个对象，将函数赋值给对象的一个属性，那么就成为了方法。

语法描述：

```
function f() {
this.method = function () {};
}
var o = {
method: function () {}
}
```

此语法中 this 的含义是：这个依附的对象。

（3）构造器模式

在创建对象时，由于构造函数只是给 this 添加成员，没有做其他事情，而方法也可以完成这个操作，就 this 而言，构造函数与方法没有本质区别。

特征：

● 使用 new 关键字，来引导构造函数。

● 构造函数中发 this 与方法中一样，表示对象，但是构造函数中的对象是刚刚创建出来的对象。

● 构造函数中不需要 return，就会默认的 eturn this。

若手动的添加 return：则相当于 return this。

若手动的添加 return 基本类型：无效，还是保留原来返回 this。

若手动添加 return null：或 return undefiend，无效。

若手动添加 return 对象类型：则原来创建的 this 就会被丢掉，返回的是 return 后面的对象。

（4）上下文模式

上下文就是环境，就是自定义设置 this 的含义。

语法描述：

函数名 .apply(对象 ,[参数]);

函数名 .call(对象，参数);

上述语法中函数名的含义：

- 函数名就是表示函数本身，使用函数进行调用时默认 this 是全局变量。
- 函数名也可以是方法提供，使用方法调用时，this 是指当前对象。
- 使用 apply 进行调用后，无论是函数，还是方法都无效了。this 由 apply 的第一个参数决定。

知识拓展

如果函数或方法中没有 this 的操作，那么无论什么函数调用其实都一样；如果是函数调用 foo()，就类似 foo.apply(window)；如果是方法调用 o.method()，就类似 o.method.apply(o)。

13.2　JavaScript 应用表单

表单是用户与 Web 页面交互最频繁的页面元素之一，目前在互联网中的所有页面上都应用到了表单及表单元素，之前的章节讲了表单的详细用法，本节讲解表单元素如何应用于 JavaScript 对象。

13.2.1　按钮对象

目前最常使用的按钮就是提交按钮，在一个表单中，为了防止用户在表单填写完毕之前误点了提交这种情况的发生，通常都需要验证，最简单的方法就是在单击提交按钮的时进行必填项检测，并控制按钮的默认行为。

小试身手：设置表单的按钮对象

示例代码如下：

```
<html>
<body>
<form id="autoForm" >
用 户 名：<input type="text"
name="userName" />
密 码：<input type="password"
name="userPwd" />
<input type="submit" value=' 提交 '>
</form>
<script>
autoForm.elements[autoForm.elements.
length-1].onclick = function(e){
// 检测必填项
if(autoForm.userName.value == "" ||
autoForm.userPwd.value == ""){
alert(" 用户名 / 密码不能为空！ ");
// 阻止默认行为
if(e)
e.preventDefault();// 标准方式
else
event.returnValue = false;//IE 方式
}
}
</script>
</body>
</html>
```

代码的运行效果如图 13-6 所示。

图 13-6

显示效果是没有填写用户名和密码时出现的提示。

13.2.2 复选框对象

复选框通常用于批量的数据传递或者批量的数据处理，那么该如何运用 JavaScript 来控制这些复选框呢？

小试身手：设置复选框的对象方法

示例代码如下：

```
<!doctype html>
<html>
<head>
<meta charset="utf-8">
<title> 无标题文档 </title>
</head>
<body>
<form id="autoForm" >
全 选 / 不 选 <input type="checkbox"
id="selector"><br/>
<hr>
<label> 数据记录 1<input type="checkbox"
></label><br/>
<label> 数据记录 2<input type="checkbox"
></label><br/>
<label> 数据记录 3<input type="checkbox"
></label><br/>
<label> 数据记录 4<input type="checkbox"
></label><br/>
<label> 数据记录 5<input type="checkbox"
></label><br/>
<label> 数据记录 6<input type="checkbox"
></label><br/>
</form>
<script>
```

```
var selector = document.
getElementById('selector');
selector.onclick = function(){
for(var i=0;i<autoForm.elements.length;i++)
{
autoForm.elements[i].checked = this.
checked;
}
}
</script>
</body>
</html>
```

代码的运行效果如图 13-7 所示。

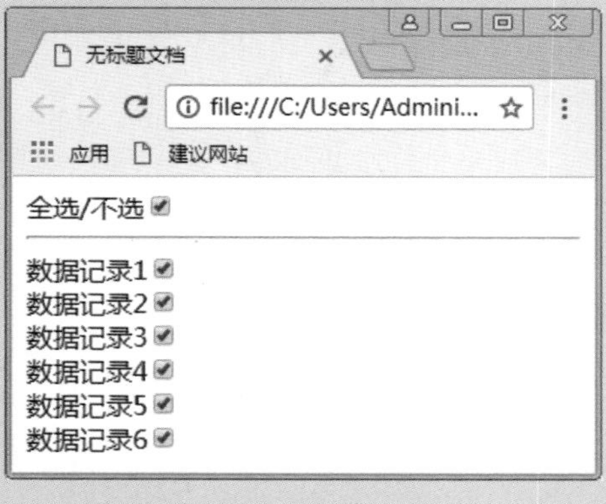

图 13-7

■ 13.2.3　列表框对象

列表框在 HTML 中通常表现为下拉列表框，如果想使用列表来改变页面行为可以通过监听列表事件来执行相应的处理。

小试身手：设置列表框对象的方法

示例代码如下：

```
<!doctype html>
<html>
<head>
<meta charset="utf-8">
<title> 无标题文档 </title>
</head>
<body>
<style>
body{
border:none;
overflow:hidden;
}
select{
width:150px;
float:left;
}
#block{
width:100px;
height:100px;
border:1px solid #000;
float:right;
}
</style>
<select id="selector" multiple size=6>
<option style="background:#000"
value="0x000"></option>
<option style="background:#fff"
value="0xfff"></option>
<option style="background:#f00"
value="0xf00"></option>
<option style="background:#0f0"
value="0x0f0"></option>
<option style="background:#00f"
value="0x00f"></option>
<option style="background:#ff0"
value="0xff0"></option>
<option style="background:#0ff"
value="0x0ff"></option>
<option style="background:#f0f"
value="0xf0f"></option>
</select>
<div id="block">
</div>
<script>
var baseColor = 0x000;
var colorSelector = document.
getElementById("selector");
colorSelector.onchange = function(){
for(var i=0;i<this.options.length;i++){
if(this.options[i].selected)
baseColor ^= parseInt(this.options[i].value);
}
baseColor = baseColor.toString(16);
if(baseColor.length == 1)baseColor =
"00"+baseColor;
if(baseColor.length == 2)baseColor =
"0"+baseColor;
document.getElementById('block').style.
background = "#"+baseColor;
}
</script>
</body>
</html>
```

代码的运行效果如图 13-8 所示。

图 13-8

13.3 JavaScript 事件分析

JavaScript 事件就是网页中经常用到的网页效果，比如轮播图效果、字体闪烁效果、鼠标滑过效果等。

■ 13.3.1 轮播图效果

图片轮播经常在众多网站中看到，各种轮播特效在有限的空间内展示了几倍于空间大小的内容，并且有着良好的视觉效果。其实轮播图的写法有很多，这里举一个比较简单的例子。

小试身手：制作一个网页的轮播图

轮播图的，代码如下：

```html
<div class="container">
    <div class="wrap" style="left:
-600px;">
        <img src="test1.jpg" alt="">
        <img src="test2.jpg" alt="">
        <img src="test3.jpg" alt="">
        <img src="test4.jpg" alt="">
        <img src="test5.jpg" alt="">
        <img src="test3.jpg" alt="">
        <img src="test1.jpg" alt="">
    </div>
    <div class="buttons">
    <span class="on">1</span>
    <span>2</span>
    <span>3</span>
    <span>4</span>
    <span>5</span>
    </div>
    <a href="javascript:;" rel="external
nofollow" rel="external nofollow"
rel="external nofollow" rel="external
nofollow" class="arrow arrow_left"><</a>
    <a href="javascript:;" rel="external
nofollow" rel="external nofollow"
rel="external nofollow" rel="external
nofollow" class="arrow arrow_right">></a>
</div>
```

CSS 部分：

CSS 样式部分（图片组的处理）与淡入淡出式不同，淡入淡出只需要显示或者隐藏对应序号的图片即可，直接通过 display 来设定。

左右切换式则是采用图片 li 浮动，父层元素 ul 总宽为总图片宽，并设定为有限 banner 宽度下隐藏超出宽度的部分。

当想切换到某序号的图片时，则采用其 ul 定位 left 样式设定相应属性值实现。

例如，显示第一张图片，初始定位 left 为 0px，要想显示第二张图片则需要 left:-400px 处理。

示例代码如下：

```css
<style>
 * {
 margin:0;
 padding:0;
 }
 a{
 text-decoration: none;
```

```css
}
.container {
  position: relative;
  width: 600px;
  height: 400px;
  margin:100px auto 0 auto;
  box-shadow: 0 0 5px green;
  overflow: hidden;
}
.container .wrap {
  position: absolute;
  width: 4200px;
  height: 400px;
  z-index: 1;
}
.container .wrap img {
  float: left;
  width: 600px;
  height: 400px;
}
.container .buttons {
  position: absolute;
  right: 5px;
  bottom:40px;
  width: 150px;
  height: 10px;
  z-index: 2;
}
.container .buttons span {
  margin-left: 5px;
  display: inline-block;
  width: 20px;
  height: 20px;
  border-radius: 50%;
  background-color: green;
  text-align: center;
  color:white;
  cursor: pointer;
}
.container .buttons span.on{
  background-color: red;
}
.container .arrow {
  position: absolute;
  top: 35%;
  color: green;
```

```css
  padding:0px 14px;
  border-radius: 50%;
  font-size: 50px;
  z-index: 2;
  display: none;
}
.container .arrow_left {
  left: 10px;
}
.container .arrow_right {
  right: 10px;
}
.container:hover .arrow {
  display: block;
}
.container .arrow:hover {
  background-color: rgba(0,0,0,0.2);
}
</style>
```

JavaScript 部分：
页面已经构建好，可以进行 js 的处理。
全局变量制作：

```javascript
var curIndex = 0, // 当前 index
    imgArr = getElementsByClassName("imgList")[0].getElementsByTagName("li"), // 获取图片组
    imgLen = imgArr.length,
    infoArr = getElementsByClassName("infoList")[0].getElementsByTagName("li"), // 获取图片 info 组
    indexArr = getElementsByClassName("indexList")[0].getElementsByTagName("li"); // 获取控制 index 组
// 自动切换定时器处理
  // 定时器自动变换 2.5 秒每次
  var autoChange = setInterval(function(){
    if(curIndex < imgLen -1){
      curIndex ++;
    }else{
      curIndex = 0;
    }
  // 调用变换处理函数
  changeTo(curIndex);
},2500);
```

同样的，有一个重置定时器的函数

```
// 清除定时器时候的重置定时器 -- 封装
function autoChangeAgain(){
  autoChange = setInterval(function(){
  if(curIndex < imgLen -1){
   curIndex ++;
  }else{
   curIndex = 0;
  }
  // 调用变换处理函数
  changeTo(curIndex);
  },2500);
  }
```

因为有一些 class，所以来几个 class 函数的模拟也是需要的

```
// 通过 class 获取节点
function getElementsByClassName(className){
  var classArr = [];
    var tags = document.getElementsByTagName('*');
  for(var item in tags){
   if(tags[item].nodeType == 1){
     if(tags[item].getAttribute('class') == className){
      classArr.push(tags[item]);
    }
   }
  }
  return classArr; // 返回
  }


  // 判断 obj 是否有此 class
  function hasClass(obj,cls){ //class 位于单词边界
    return obj.className.match(new RegExp('(\\s|^)' + cls + '(\\s|$)'));
  }
  // 给 obj 添加 class
  function addClass(obj,cls){
   if(!this.hasClass(obj,cls)){
     obj.className += cls;
   }
  }
// 移除 obj 对应的 class
```

```
  function removeClass(obj,cls){
   if(hasClass(obj,cls)){
     var reg = new RegExp('(\\s|^)' + cls + '(\\s|$)');
       obj.className = obj.className.replace(reg,'');
   }
  }
```

要左右切换，就得模拟 jq 的 animate-->left .

思路就是动态地设置 element.style.left 并进行定位。因为要有一个渐进的过程，所以加上一点阶段处理。

定位时 left 的设置也较为复杂，要考虑方向等情况：

```
// 图片组相对原始左移 dist px 距离
function goLeft(elem,dist){
if(dist == 400){ // 第一次时设置 left 为 0px 或者直接使用内嵌法 style="left:0;"
elem.style.left = "0px";
}
var toLeft; // 判断图片移动方向是否为左
dist = dist + parseInt(elem.style.left); // 图片组相对当前移动距离
if(dist<0){
toL7 = Math.abs(dist);
}else{
toLeft = true;
}
for(var i=0;i<= dist/20;i++){ // 这里设定缓慢移动，10 阶每阶 40px
 (function(_i){
var pos = parseInt(elem.style.left); // 获取当前 left
setTimeout(function(){
pos += (toLeft)? -(_i * 20) : (_i * 20); // 根据 toLeft 值指定图片组位置改变
//console.log(pos);
elem.style.left = pos + "px";
},_i * 25); // 每阶间隔 50 毫秒
})(i);
}
}
```

初始 left 的值为 0px，如果未初始或者把初始的 left 值写在行内 CSS 样式表里，就会报错取不到。

所以直接在 js 中初始化或者在 HTML 中内嵌初始化即可。

接下来就是切换的函数实现了，比如要切换到序号为 num 的图片。

```
// 左右切换处理函数
function changeTo(num){
// 设置 image
var imgList = getElementsByClassName("im
gList")[0];
goLeft(imgList,num*400); // 左移一定距离
// 设置 image 的 info
varcurInfo=getElementsByClassName("info
On")[0];
removeClass(curInfo,"infoOn");
addClass(infoArr[num],"infoOn");
// 设置 image 的控制下标 index
var _curIndex = getElementsByClassName("i
ndexOn")[0];
removeClass(_curIndex,"indexOn");
addClass(indexArr[num],"indexOn");
}
```

然后再给左右箭头还有右下角那堆 index 绑定事件处理

```
// 给左右箭头和右下角的图片 index 添加
事件处理
function addEvent(){
for(var i=0;i<imgLen;i++){
// 闭包防止作用域内活动对象 item 的影
响
(function(_i){
// 鼠标滑过则清除定时器，并作变换处
理
indexArr[_i].onmouseover = function(){
clearTimeout(autoChange);
changeTo(_i);
curIndex = _i;
};
// 鼠标滑出则重置定时器处理
indexArr[_i].onmouseout = function(){
autoChangeAgain();
};
})(i);
}
// 给左箭头 prev 添加上一个事件
var prev = document.
```

```
getElementById("prev");
prev.onmouseover = function(){
// 滑入清除定时器
clearInterval(autoChange);
};
prev.onclick = function(){
// 根据 curIndex 进行上一个图片处理
curIndex = (curIndex > 0) ? (--curIndex) : (imgLen - 1);
changeTo(curIndex);
};
prev.onmouseout = function(){
// 滑出则重置定时器
autoChangeAgain();
};
// 给右箭头 next 添加下一个事件
var next = document.
getElementById("next");
next.onmouseover = function(){
clearInterval(autoChange);
};
next.onclick = function(){
curIndex = (curIndex < imgLen - 1) ?
(++curIndex) : 0;
changeTo(curIndex);
};
next.onmouseout = function(){
autoChangeAgain();
};
}
```

代码的运行效果如图 13-9 所示。

图 13-9

▇ 13.3.2　字体闪烁效果

在网页中，为了更好地吸引用户的注意力，设计者会把重要的信息添加效果，比如闪烁、震动等。

小试身手：制作文字的闪烁效果

示例代码如下：

```
<html>
<head>
<meta charset="gb2312" />
<title>js 实现文字闪烁特效 </title>
</head>
<script>
var flag = 0;
function start(){
 var text = document.
getElementById("myDiv");
if (!flag)
{
text.style.color = "red";
text.style.background = "#0000ff";

flag = 1;
}else{
text.style.color = "";
text.style.background = "";
flag = 0;
}
setTimeout("start()",500);
}
</script>
 <body onload="start()">
  <span id="myDiv">JavaScript 的世界是如
此的精彩！ </span>
 </body>
</html>
```

代码的运行效果如图 13-10 所示。

图 13-10

▇ 13.3.3　鼠标滑过效果

网页中为了突出某件商品的重要性，通常会给商品的图片做出效果，最常见的是给图片做出震动的效果。

小试身手：制作鼠标划过图片的震动效果

示例代码如下：

```
<html>
<head>
<meta http-equiv="Content-Type" content="text/html; charset=gb2312">
```

```
<title> 鼠标滑过 图片震动效果 </title>
<style>.shakeimage {
 POSITION: relative
}
</style>
</head>
<body>
<script language=JavaScript1.2>
<!--
var rector=3
var stopit=0
var a=1
function init(which){
stopit=0
shake=which
shake.style.left=0
shake.style.top=0
}
function rattleimage(){
if ((!document.all&&!document.
getElementById)||stopit==1)
return
if (a==1){
shake.style.top=parseInt(shake.style.
top)+rector
}
else if (a==2){
shake.style.left=parseInt(shake.style.
left)+rector
}
else if (a==3){
shake.style.top=parseInt(shake.style.top)-
rector
}
else{
```

```
shake.style.left=parseInt(shake.style.left)-
rector
}
if (a<4)
a++
else
a=1
setTimeout("rattleimage()",50)
}
function stoprattle(which){
stopit=1
which.style.left=0
which.style.top=0
}
//-->
</script>>
<img
class="shakeimage" onMouse
Over="init(this);rattleimage()"
onMouseOut="stoprattle(this)" src="test1.
jpg" border="0" style="cursor:pointer;"/>
<img
class="shakeimage" onMouse
Over="init(this);rattleimage()"
onMouseOut="stoprattle(this)" src="test2.
jpg" border="0" style="cursor:pointer;"/>
<img
class="shakeimage" onMouse
Over="init(this);rattleimage()"
onMouseOut="stoprattle(this)" src="test3.
jpg" border="0" style="cursor:pointer;"/>
</body>
</html>
```

代码的运行效果如图 13-11 所示。

图 13-11

13.4　JavaScript 特效制作

在设计网页中也会用到时间的特效和窗口的特效，即显示用户在网页中停留的时间、显示当前的日期和窗口自动关闭等。

■ 13.4.1　显示网页停留时间

显示网页停留时间相当于设计一个计时器，用于显示浏览者在该页面停留了多长时间。

思路是设置三个变量：second,minute,hour。然后让 second 不停地 +1，并且利用 setTimeout 实现页面每隔一秒刷新一次，当 second 大于等于 60 时，minute 开始 +1，并且让 second 重新置零。同理当 minute 大于等于 60 时，hour 开始 +1。这样即可实现计时功能。

小试身手：制作所在网页停留的时间

示例代码如下：

```
<html>
<head>
<meta http-equiv="Content-Type" content="text/html; charset=utf-8">
<title> 显示停留时间 </title>
</head>
<body>
<form name="form1" method="post" action="">
<center>
<p><font size="5" color="#0000FF" face=" 华文细黑 "> 您在本站已停留： </font></p>
<p>
<input name="textarea" type="text" value="">
</p>
</center>
<script language="javascript">
var second=0;
var minute=0;
var hour=0;
window.setTimeout("interval();",1000);// 设置时间一秒刷新一次
function interval()// 设置计时器
{
second++;
if(second==60)
{
second=0;minute+=1;
}
if(minute==60)
{
minute=0;hour+=1;
}
document.form1.textarea.value = hour+" 时 "+minute+" 分 "+second+" 秒 ";// 将计时器的数值显
示在 form 表单中
```

```
window.setTimeout("interval();",1000); // 设置时间一秒刷新一次
}
</script>
</form>
</body>
</html>
```

代码的运行效果如图 13-12 所示。

图 13-12

■ 13.4.2 制作定时关闭窗口

定时关闭窗口经常出现在网页的一些广告中。

小试身手：制作定时关闭窗口

示例代码如下：
```
<!doctype html>
<html>
<head>
<meta charset="utf-8">
<title> 无标题文档 </title>
<script type="text/javascript">
function webpageClose(){
window.close();
}
```
```
setTimeout( webpageClose,10000)//10s 钟
后关闭
</script>
</head>
<body>
<p> 窗口在 10 秒后自动关闭 </p>
</body>
</html>
```

代码的运行效果如图 13-13 所示。

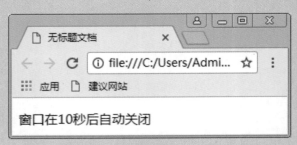

图 13-13

13.5　课堂练习

本章讲解了 JavaScript 的应用，根据所学的 JavaScript 知识，制作出如图 13-14 所示的效果。

图 13-14 中所示的倒计时特效可以让用户明确知道距离某个日期剩余的时间。

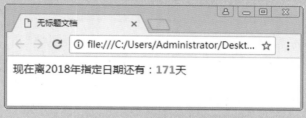

图 13-14

代码如下：

```
<!doctype html>
<html>
<head>
<meta charset="utf-8">
<title> 无标题文档 </title>
</head>

<body>
<script>
   var timedate = new Date("October 1,2018"); // 设置倒计时时间为 2018 年 10 月 1 日
   var times=" 指定日期 "; // 设置 time 变量
   var now=new Date(); // 获得当前时间
   var date=timedate.getTime() - now.getTime(); // 获得剩余时间
   var time = Math.floor(date/(1000*60*60*24)); // 将剩余时间转化为天数
   if(time>=0);
   // 显示倒计时时间信息
   document.write(" 现在离 2018 年 "+times+" 还有： " +
       "<font color=red><b>"+time+"</b></font> 天 ");
</script>
<!-- 利用 var date= timedate.getTime()-now.getTime() 可以获得剩余时间，由于时间是以毫秒为
单位计算的，因此换算率如下：
   1 天 =24 小时，1 小时 =60 分钟，1 分钟 =60 秒，1 秒 =1000 毫秒 -->
<!-- 利用 var time=Math.floor(date/(1000*60*60*24)) 将剩余时间转换为剩余天数。-->
</body>
</html>
```

强化训练

在设计网页中，为了用户有更好地交互体验，设计师们也是煞费苦心，此强化练习就是为此准备的颜色自定义的设定。

效果如图 13-15 所示。

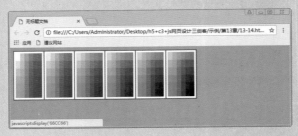

图 13-15

用户可以随意选择自己喜欢的背景色，在点击颜色时，网页的左下方会同步显示颜色值。

提示代码如下：

```javascript
<script LANGUAGE="JavaScript">
var hex=new Array(6)
hex[0]="FF";hex[1]="CC";hex[2]="99";hex[3]="66";hex[4]="33";hex[5]="00"
function display(triplet){
document.bgColor='#'+triplet
mowang.innerText=" 现在的背景颜色为 #"+triplet}
function drawCell(red, green, blue) {
document.write('<TD BGCOLOR="#' + red + green + blue + '">')
document.write('<A HREF="javascript:display(\" + (red + green + blue) + '\')">')
document.write('<IMG SRC="photo/place.gif" BORDER=0 HEIGHT=12 WIDTH=12>')
document.write('</A>')
document.write('</TD>')}
function drawRow(red, blue){
document.write('<TR>')
for (var i=0; i < 6; ++i) {
drawCell(red, hex[i], blue)}
document.write('</TR>')}
</script>
```

本章结束语

本章主要讲解了 JavaScript 在网页中的实际应用，比如轮播图的效果、闪烁的效果、鼠标滑过的效果、窗口特效和时间特效，这些知识都是会经常用到的。

CHAPTER 14
综合实践应用

本章概述 SUMMARY

学习了前面章节的内容，本章就来做一个练习——本练习主要运用了 HTML5 中的 canvas 绘图功能。

■ 学习目标
分析一个效果如何设置样式。
掌握 canvas 和 JavaScript 结合使用的方法。

■ 课时安排
理论知识 1 课时。
上机练习 1 课时。

知识导图：

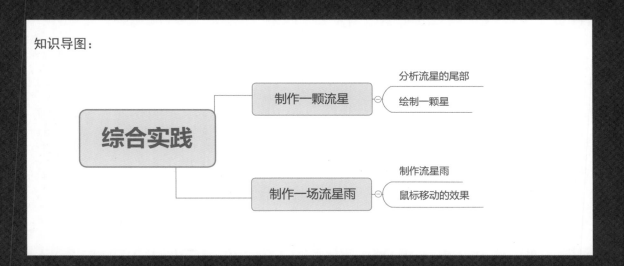

14.1　制作一颗流星

要画一场流星雨自然要会画一颗流星。使用 canvas 可以画圆形、画方形、画线条，但流星是有尾巴的，该怎么操作呢？

■ 14.1.1　分析流星的尾部

一颗流星的效果如图 14-1 所示。

流星因为速度过快产生大量的热量进而带动周围的空气发光发热，所以飞过的地方看起来就像是流星的尾巴。该图像上的整个流星处于自己的运动轨迹之中，当前的位置最亮，轮廓最清晰，而之前划过的地方离当前位置轨迹距离越远，就越暗淡，越模糊。

图 14-1

■ 14.1.2　绘制一颗流星

流星经过的地方会越来越模糊，最后消失不见，canvas 上是每一帧就重绘一次，每一帧之间的时间间隔很短。有没有可以让图像每过一帧就变模糊一点而不是全部清楚的方法？如果可以，就能把每一帧用线段画一小段流星的运动轨迹，最后画出流星的效果。

在 canvas 上做出的效果的代码如下：

```
// 坐标
class Crood {
  constructor(x=0, y=0) {
    this.x = x;
    this.y = y;
  }
  setCrood(x, y) {
    this.x = x;
    this.y = y;
  }
  copy() {
    return new Crood(this.x, this.y);
  }
}

// 流星

class ShootingStar {
  constructor(init=new Crood, final=new Crood, size=3, speed=200, onDistory=null) {
    this.init = init; // 初始位置
    this.final = final; // 最终位置
    this.size = size; // 大小
    this.speed = speed; // 速度：像素 /s

    // 飞行总时间
    this.dur = Math.sqrt(Math.pow(this.final.x-this.init.x, 2) + Math.pow(this.final.y-this.init.y, 2)) * 1000 / this.speed;

    this.pass = 0; // 已过去的时间
    this.prev = this.init.copy(); // 上一帧位
```

```
    置
        this.now = this.init.copy(); // 当前位置
        this.onDistory = onDistory;
    }
    draw(ctx, delta) {
        this.pass += delta;
        this.pass = Math.min(this.pass, this.
dur);

        let percent = this.pass / this.dur;

        this.now.setCrood(
            this.init.x + (this.final.x - this.init.x) *
percent,
            this.init.y + (this.final.y - this.init.y) *
percent
        );

        // canvas
        ctx.strokeStyle = '#fff';
        ctx.lineCap = 'round';
        ctx.lineWidth = this.size;
        ctx.beginPath();
        ctx.moveTo(this.now.x, this.now.y);
        ctx.lineTo(this.prev.x, this.prev.y);
        ctx.stroke();

        this.prev.setCrood(this.now.x, this.now.
y);
        if (this.pass === this.dur) {
            this.distory();
        }
    }
    distory() {
        this.onDistory && this.onDistory();
    }
}


// effet
let cvs = document.querySelector('canvas');
let ctx = cvs.getContext('2d');

let T;
```

```
let shootingStar = new ShootingStar(
        new Crood(100, 100),
        new Crood(400, 400),
        3,
        200,

()=>{cancelAnimationFrame(T)}
        );

let tick = (function() {
    let now = (new Date()).getTime();
    let last = now;
    let delta;
    return function() {
        delta = now - last;
        delta = delta > 500 ? 30 : (delta < 16?
16 : delta);
        last = now;
        // console.log(delta);

        T = requestAnimationFrame(tick);
        ctx.save();
        ctx.fillStyle = 'rgba(0,0,0,0.2)'; // 每一
帧用 " 半透明 " 的背景色清除画布
        ctx.fillRect(0, 0, cvs.width, cvs.height);
        ctx.restore();
        shootingStar.draw(ctx, delta);

    }
})();
tick();
```

代码的运行效果如图 14-2 所示。

图 14-2

14.2 制作一场流星雨

如果想要制作流星雨的效果，只绘制一颗流星是不够的，但是如果按照绘制一颗流星的方法绘制整个天空的流星雨，代码会很烦琐，接下来讲解如何绘制一场流星雨。

■ 14.2.1 制作流星雨

接着再加一个流星雨，使用 MeteorShower 类，生成多一些随机位置的流星，做出流星雨。

示例代码如下：

```
// 坐标
class Crood {
  constructor(x=0, y=0) {
    this.x = x;
    this.y = y;
  }
  setCrood(x, y) {
    this.x = x;
    this.y = y;
  }
  copy() {
    return new Crood(this.x, this.y);
  }
}

// 流星
class ShootingStar {
  constructor(init=new Crood, final=new Crood, size=3, speed=200, onDistory=null) {
    this.init = init; // 初始位置
    this.final = final; // 最终位置
    this.size = size; // 大小
    this.speed = speed; // 速度：像素 /s

    // 飞行总时间
    this.dur = Math.sqrt(Math.pow(this.final.x-this.init.x, 2) + Math.pow(this.final.y-this.init.y, 2)) * 1000 / this.speed;

    this.pass = 0; // 已过去的时间
    this.prev = this.init.copy(); // 上一帧位置
    this.now = this.init.copy(); // 当前位置

    this.onDistory = onDistory;
  }
  draw(ctx, delta) {
    this.pass += delta;
    this.pass = Math.min(this.pass, this.dur);

    let percent = this.pass / this.dur;

    this.now.setCrood(
      this.init.x + (this.final.x - this.init.x) * percent,
      this.init.y + (this.final.y - this.init.y) * percent
    );

    // canvas
    ctx.strokeStyle = '#fff';
    ctx.lineCap = 'round';
    ctx.lineWidth = this.size;
    ctx.beginPath();
    ctx.moveTo(this.now.x, this.now.y);
    ctx.lineTo(this.prev.x, this.prev.y);
    ctx.stroke();

    this.prev.setCrood(this.now.x, this.now.y);
    if (this.pass === this.dur) {
      this.distory();
    }
  }
  distory() {
    this.onDistory && this.onDistory();
```

```
      }
    }

class MeteorShower {
  constructor(cvs, ctx) {
    this.cvs = cvs;
    this.ctx = ctx;
    this.stars = [];
    this.T;
    this.stop = false;
    this.playing = false;
  }

  createStar() {
    let angle = Math.PI / 3;
    let distance = Math.random() * 400;
    let init = new Crood(Math.random() *
this.cvs.width|0, Math.random() * 100|0);
    let final = new Crood(init.x + distance
* Math.cos(angle), init.y + distance * Math.
sin(angle));
    let size = Math.random() * 2;
    let speed = Math.random() * 400 + 100;
    let star = new ShootingStar(
        init, final, size, speed,
        ()=>{this.remove(star)}
      );
    return star;
  }

  remove(star) {
    this.stars = this.stars.filter((s)=>{ return
s !== star});
  }

  update(delta) {
    if (!this.stop && this.stars.length < 20) {
      this.stars.push(this.createStar());
    }
    this.stars.forEach((star)=>{
      star.draw(this.ctx, delta);
    });
  }

  tick() {
    if (this.playing) return;
    this.playing = true;

    let now = (new Date()).getTime();
    let last = now;
    let delta;

    let _tick = ()=>{
      if (this.stop && this.stars.length ===
0) {
        cancelAnimationFrame(this.T);
        this.playing = false;
        return;
      }

      delta = now - last;
      delta = delta > 500 ? 30 : (delta < 16?
16 : delta);
      last = now;
      // console.log(delta);

        this.T = requestAnimationFrame(_
tick);

      ctx.save();
      ctx.fillStyle = 'rgba(0,0,0,0.2)'; // 每
一帧用 " 半透明 " 的背景色清除画布
        ctx.fillRect(0, 0, cvs.width, cvs.
height);
      ctx.restore();
      this.update(delta);
    }
    _tick();
  }

  start() {
    this.stop = false;
    this.tick();
  }

  stop() {
    this.stop = true;
  }
}
// effet
let cvs = document.querySelector('canvas');
let ctx = cvs.getContext('2d');
```

```
let meteorShower = new
MeteorShower(cvs, ctx);
meteorShower.start();
```

代码的运行效果如图 14-3 所示。

从图 14-3 可以看出做出的流星雨效果，
其实这个流星雨还加了鼠标移动的效果。

图 14-3

14.2.2　鼠标移动的效果

在这场流星雨中可以看到，流星雨就是随着鼠标的移动而移动，还可以左击鼠标使流
星的样式发生改变。

示例代码如下：

```
function mouse_wheel(evt)
  {
    evt=evt||event;
    var delta=0;
    if(evt.wheelDelta)
    {
       delta=evt.wheelDelta/120;
    }
```

```
    else if(evt.detail)
    {
       delta=-evt.detail/3;
    }
    star_speed+=(delta>=0)?-0.2:0.2;
       if(evt.preventDefault) evt.
preventDefault();
    }
```

可以看一下按下鼠标左键不放的效果（见左下图）。
随着鼠标移动的效果（见右下图）。

再次点击流星雨的效果（见左下图）。
鼠标放在中间的效果，可以看出流星雨的移动变慢了（见右下图）。

鼠标放在边上的效果，可以看出流星雨的移动速度明显变快。

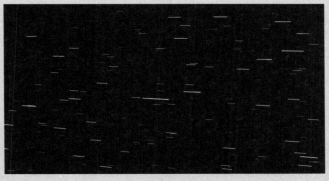

14.4 整场流星雨的实现

以上都是零碎的流星雨制作过程，下面是完整的代码。

```
<!DOCTYPE HTML PUBLIC "-//W3C//DTD HTML 4.01//EN" "http://www.w3.org/TR/html4/strict.dtd">
<html lang="zh-CN">
<head>
    <title> 流星雨 </title>
    <meta http-equiv="content-type" content="text/html;charset=utf-8">
    <meta http-equiv="content-language" content="zh-CN">
    <style type="text/css">
        body {margin:0;padding:0;background-color:#000000;font-size:0;overflow:hidden}
        div {margin:0;padding:0;position:absolute;font-size:0;overflow:hidden}
        canvas{background-color:#000000;overflow:hidden}
    </style>
</head>
<script type="text/javascript">
    function $i(id) { return document.getElementById(id); }
    function $r(parent,child) { (document.getElementById(parent)).removeChild(document.
getElementById(child)); }
    function $t(name) { return document.getElementsByTagName(name); }
    function $c(code) { return String.fromCharCode(code); }
```

```
    function $h(value) { return ('0'+Math.
max(0,Math.min(255,Math.round(value))).
toString(16)).slice(-2); }
    function _i(id,value) { $t('div')[id].
innerHTML+=value; }
    function _h(value) { return
!hires?value:Math.round(value/2); }
  function get_screen_size()
  {
      var w=document.documentElement.
clientWidth;
      var h=document.documentElement.
clientHeight;
    return Array(w,h);
  }
  var url=document.location.href;
  var flag=true;
  var test=true;
    var n=parseInt((url.indexOf('n=')!=-
1)?url.substring(url.indexOf('n=')+2,((url.
substring(url.indexOf('n=')+2,url.length)).
indexOf('&')!=-1)?url.indexOf('n=')+2+(url.
substring(url.indexOf('n=')+2,url.length)).
indexOf('&'):url.length):512);
  var w=0;
  var h=0;
  var x=0;
  var y=0;
  var z=0;
  var star_color_ratio=0;
  var star_x_save,star_y_save;
  var star_ratio=256;
  var star_speed=4;
  var star_speed_save=0;
  var star=new Array(n);
  var color;
  var opacity=0.1;
  var cursor_x=0;
  var cursor_y=0;
  var mouse_x=0;
  var mouse_y=0;
  var canvas_x=0;
  var canvas_y=0;
  var canvas_w=0;
  var canvas_h=0;
  var context;

  var key;
  var ctrl;
  var timeout;
  var fps=0;
  function init()
  {
    var a=0;
    for(var i=0;i<n;i++)
    {
      star[i]=new Array(5);
      star[i][0]=Math.random()*w*2-x*2;
      star[i][1]=Math.random()*h*2-y*2;
        star[i][2]=Math.round(Math.
random()*z);
      star[i][3]=0;
      star[i][4]=0;
    }
    var starfield=$i('starfield');
    starfield.style.position='absolute';
    starfield.width=w;
    starfield.height=h;
    context=starfield.getContext('2d');
    context.fillStyle='rgb(0,0,0)';
    context.strokeStyle='rgb(255,255,255)';
    var adsense=$i('adsense');
      adsense.style.left=Math.round((w-
728)/2)+'px';
    adsense.style.top=(h-15)+'px';
    adsense.style.width=728+'px';
    adsense.style.height=15+'px';
    adsense.style.display='block';
  }
  function anim()
  {
    mouse_x=cursor_x-x;
    mouse_y=cursor_y-y;
    context.fillRect(0,0,w,h);
    for(var i=0;i<n;i++)
    {
      test=true;
      star_x_save=star[i][3];
      star_y_save=star[i][4];
        star[i][0]+=mouse_x>>4; if(star[i]
[0]>x<<1) { star[i][0]-=w<<1; test=false;
} if(star[i][0]<-x<<1) { star[i][0]+=w<<1;
test=false; }
```

```
        star[i][1]+=mouse_y>>4; if(star[i]
[1]>y<<1) { star[i][1]-=h<<1; test=false;
} if(star[i][1]<-y<<1) { star[i][1]+=h<<1;
test=false; }
        star[i][2]-=star_speed; if(star[i][2]>z)
{ star[i][2]-=z; test=false; } if(star[i][2]<0) {
star[i][2]+=z; test=false; }
            star[i][3]=x+(star[i][0]/star[i]
[2])*star_ratio;
            star[i][4]=y+(star[i][1]/star[i]
[2])*star_ratio;
if(star_x_save>0&&star_x_save<w&&star_
y_save>0&&star_y_save<h&&test)
        {
            context.lineWidth=(1-star_color_
ratio*star[i][2])*2;
        context.beginPath();
         context.moveTo(star_x_save,star_
y_save);
        context.lineTo(star[i][3],star[i][4]);
        context.stroke();
        context.closePath();
        }
      }
    timeout=setTimeout('anim()',fps);
 }
 function move(evt)
 {
   evt=evt||event;
   cursor_x=evt.pageX-canvas_x;
   cursor_y=evt.pageY-canvas_y;
 }
 function key_manager(evt)
 {
   evt=evt||event;
   key=evt.which||evt.keyCode;
   switch(key)
   {
     case 27:
       flag=flag?false:true;
       if(flag)
       {
            timeout=setTimeout('anim()',f
ps);
       }
       else
```

```
       {
         clearTimeout(timeout);
       }
       break;
     case 32:
          star_speed_save=(star_
speed!=0)?star_speed:star_speed_save;
              star_speed=(star_
speed!=0)?0:star_speed_save;
       break;
     case 13:
       context.fillStyle='rgba(0,0,0,'+opaci
ty+')';
       break;
   }
   top.status='key='+((key<100)?'0':'')+((ke
y<10)?'0':'')+key;
 }
 function release()
 {
   switch(key)
   {
     case 13:
       context.fillStyle='rgb(0,0,0)';
       break;
   }
 }
 function mouse_wheel(evt)
 {
   evt=evt||event;
   var delta=0;
   if(evt.wheelDelta)
   {
     delta=evt.wheelDelta/120;
   }
   else if(evt.detail)
   {
     delta=-evt.detail/3;
   }
   star_speed+=(delta>=0)?-0.2:0.2;
       if(evt.preventDefault) evt.
preventDefault();
 }
 function start()
 {
   resize();
```

```
        anim();
    }
    function resize()
    {
w=parseInt((url.indexOf('w=')!=-1)?url.substring(url.indexOf('w=')+2,((url.substring(url.
indexOf('w=')+2,url.length)).indexOf('&')!=-1)?url.indexOf('w=')+2+(url.substring(url.
indexOf('w=')+2,url.length)).indexOf('&'):url.length):get_screen_size()[0]);
h=parseInt((url.indexOf('h=')!=-1)?url.substring(url.indexOf('h=')+2,((url.substring(url.
indexOf('h=')+2,url.length)).indexOf('&')!=-1)?url.indexOf('h=')+2+(url.substring(url.
indexOf('h=')+2,url.length)).indexOf('&'):url.length):get_screen_size()[1]);
        x=Math.round(w/2);
        y=Math.round(h/2);
        z=(w+h)/2;
        star_color_ratio=1/z;
        cursor_x=x;
        cursor_y=y;
        init();
    }
    document.onmousemove=move;
    document.onkeypress=key_manager;
    document.onkeyup=release;
    document.onmousewheel=mouse_wheel; if(window.addEventListener) window.addEventListener
('DOMMouseScroll',mouse_wheel,false);
</script>
<body onload="start()" onresize="resize()" onorientationchange="resize()" onmousedown="context.
fillStyle='rgba(0,0,0,'+opacity+')'" onmouseup="context.fillStyle='rgb(0,0,0)'">
<canvas id="starfield" style="background-color:#000000"></canvas>
<div id="adsense" style="position:absolute;background-color:transparent;display:none">
</div>
</body>
</html>
```

本章结束语

　　本章运用 HTML5 中的 canvas 属性画了一场浪漫的流星雨。canvas 属性非常重要，所以要经常练习画一些简单的效果，熟能生巧，慢慢就能运用自如了。

参 考 文 献

1. 沈真波，薛志红，王丽芳 .After Efects CS6 影视后期制作标准教程 [M].北京 ：人民邮电出版社，2016.

2. 潘强，何佳 .Premiere Pro CC 影视编辑标准教程 [M].北京：人民邮电出版社，2016.

3. 汤京花，宋园 .Dreamweaver CS6 网页设计与制作标准教程 [M].北京：人民邮电出版社，2016.

4. 马丹 .Dreamweaver CC 网页设计与制作标准教程 [M].北京：人民邮电出版社，2016.